아름다운 이웃 – 동식물의 신비

아름다운 이웃 - 동식물의 신비

숨쉬는 우리 이웃 동식물들의 따뜻하고 감동적인 이야기

라이너 홀베 지음 | 박원영 옮김

사람과 책

차례

1장
영혼을 지닌 신비로운 친구

사람들이 개를 욕하는 것은 어쩌면 당연한 일인지도 모른다. 유감스럽게도 개는 인간을 자주 부끄럽게 만들기 때문이다.

아서 쇼펜하우어(Arthur Schopenhauer)

한 가족의 삶을 바꾸어놓은 특별한 개에 관한 이야기, 원숭이의 인권을 주장하는 동물학자들에 관한 이야기 어쩌면 그의 이야기를 한 권의 책이니 오페라, 연극 같은 예술 작품으로 만들어 영원히 기억되도록 하는 것이 마땅한 일인지도 모르겠다. 에라스무스는 너무나도 신비로운 능력을 가진 나의 친구였다. 그러나 뛰어난 지능, 끝없는 관용과 친절한 마음에도 불구하고, 그에게는 인간에게서 볼 수 있는 카리스마적인 개성 몇 가지가 빠져 있었다. 그는 말을 할 수 없었으며, 돈도 없었다. ……그는 한 마리의 개였던 것이다.

에라스무스는 흑갈색의 털을 가진 뉴펀들랜드 종의 개였다.

어쩌면 그에게 돈이 없다는 것은 전혀 문제가 되지 않을지도 모른다. 영화에 출연하면서 일약 스타가 된 '래시' 이후, 콜리 종의 개들은 전 세계적으로 유명세를 타고 있다. 또한 텔레비전 드라마에서 정의를 위해 싸우는 셰퍼드 '렉스' 역시 인간의 사랑과 관심을 한몸에 받고 있다.

사람들은 동물 중에서도 인간과 가장 비슷한 동물들에게 더욱 친근감을 갖는다. 말하는 앵무새, 호기심 많은 고릴라 또는 마치 기저귀를 찬 어린아이처럼 하얀 털 사이로 얼굴을 빠끔히 내밀고 천진난만하게 바라보는 우스꽝스러운 물개들을 좋아한다. 반면에 갈색의 독사나 왕거미 새끼들을 애완동물로 기르는 사람들은 극히 일부에 지나지 않는다. 이런 곤충과 벌레들은 미움을 받는 것으로도 모자라 파리채나 책, 구두 뒤축, 심지어 살충제를 맞고 죽어간다. 작은 우주인 '마이크로 세계(Microcosmos)'에서 다양한 삶의 양식을 보여주는 이 놀랍도록 아름다운 창조물들이 소리없이 죽어가고 있는 것이다.

눈앞에서 일어나는 현상뿐 아니라, 우리의 의식도 달라지고 있다. 자동차나 비행기, 텔레비전, 라디오 등과 같은 발명품, 컴퓨터와 유전공학의 발전으로 삶의 질이 시시각각 달라지고 있다. 따라서 우리는 수백 개의 텔레비전 프로그램과 새로 나온 수천 권의 책, 수백만 장의 인터넷 페이지에서 믿을 만한 정보와 지식을 걸러 내는 지혜를 터득해야 한다. 비록 전 세계 모든 사람들을 다 알 수는 없겠지만, 매체를 통해 그들과 정보를 공유하고 교환하는 방법을 배워야만 한다.

글로벌 경제는 세계를 하나의 단일체로서 바라보게 한다. 이제, 인간이라는 존재는 지구라는 별의 모든 동식물과 함께 방대한 우주의 일부분일 뿐이다. 이 사실을 받아들여야만 비로소 지구상에서 살아남을 수 있다는 사실이 새로운 경험과 연구를 통해 밝혀졌다. 철학자들은 동물 역시 인간과 마찬가지로 고통이나 죽음에 대한 두려움을 느낀다는 사실을 인정하자는, 동물에 대한 새로운 의식의 변화를 주장하고 있다.

1997년 말엽, 반쯤 자란 18년 된 향유고래가 북극 대륙 주변의 바닷길로 영국을 지나치며 헤엄치던 항로 대신, 덴마크가 위치한 북해 쪽으로 우회해서 헤엄쳐 갔다. 학자들은 수면 아래쪽까지 들려오는 배의 소음, 해상 굴착 기지나 지지기장의 방해 등으로 고래들이 길을 잘못든 것이라고 추측했다. 고래들은 결국 길을 잃고 북해에 있는 덴마크 섬 로모 해변에서 떼죽음을 당했다. 50톤이나 되는 엄청난 몸무게를 이기지 못했기 때문이다.

고래들의 시체가 발견되고 몇 시간 뒤, 그 주변은 관광객으로 붐비게 되었다. 우르르 몰려든 사람들은 미끌미끌한 고래 시체 위에서 분주하게 움직이며 가족사진을 찍어댔다. 꼭 그래야만 했을까?

무엇보다 부모들은 아이들에게 이 지능 높은 바다 포유류의 삶에 대해, 배울 점 많은 고래의 집단적인 습성과 신비함으로 가득 찬 고래의 본능과 생활에 대해 먼저 이야기해 주어야 하지 않았을까? 단순히 동물을 인간의 들러리나 다른 차원의 생물로 인식한다면 아이들은 인간의 이웃인 동식물에 대한 관심과 존경심을 영원히 갖지 못할 것이다.

수년간에 걸친 연구 결과, 고릴라와 침팬지 같은 영장동물들이 각기 다른 성격을 가지고 있으며, 선악을 구분하고 애정, 미움, 슬픔이나 거부 등을 느낀다는 사실이 밝혀졌다. 또한 무엇인가를 배울 수 있고 추상화할 수 있는 능력과 뛰어난 기억력을 가지고 있다는 것도 알려졌다.

이에 동물학자들은 영장동물과 인간의 습성이 크게 다르지 않기 때문에, 영장동물도 인간과 같은 권리를 가져야 한다고 주장한다. 유명한 침팬지 연구가인 제인 구달(Jane Goodall)을 비롯한 30명의 학자들은 '영장동물 프로젝트(The Great Ape Project)'라는 협회를 결성하여 고릴라, 난쟁이 침팬지와 오랑우탄이 포함된 유인원류를 인간과 같은 집단에 포함시켜야 한다고 주장해왔다. 즉, 그동물들을 인간의 사촌쯤으로 여겨 같은 계열에 포함시켜야 한다는 것이다.

그 누구에게도 생물체의 존엄성과 자유를 빼앗을 권리는 없다.

그 어떤 누구도 동물들을 마치 제 것인 양 동물원에 가두거나 잔인한 실험 도구로 이용할 수 없다.

아직도 수많은 나라에서 동물 학대와 포획이 무분별하게 이루어지고 있다. 미국의 생태학자 제레드 다이아몬드(Jared Diamond)는 다음과 같은 글로 자신의 메시지를 요약했다. "단세포 동물에서 인간에 이르기까지, 동물의 계층 조직 중 과연 어느 지점부터 그들을 죽이는 것이 살생이 되고, 그들을 먹는 것이 동족호식의 식인이 되는 것인지 결정해야만 한다."

우리는 애완동물을 애정으로 보살피고 돌보며, 그들이 죽었을 때 슬퍼한다. 그러나 돼지, 닭, 소 같은 경우는 어떠한가? 그들은 대량 사육되어 다 크고 나면 거침없이 도살된다. 이런 도살 행위는 "동물은 영혼도 의식도 없는 존재"라고 경멸조로 이야기하는 인간의 기계적인 세계 인식을 반영하는 것이다. 심지어 기독교 사상 역시 이런 모든 일이 한치의 양심의 가책도 없이 이루어질 수 있도록 맹목적인 관점을 고수한다. 기독교에서는 비록 모든 종류의 동물 학대를 비판하고는 있지만, 동물을 불멸의 영혼을 가진, 인간의 이웃 같은 존재로 인정할 준비는 되어 있지 않다.

학술 잡지나 텔레비전의 다큐멘터리 프로그램에서는 인간과 동물 사이의 연대의 필요성에 대해 끊임없이 이야기하고 있다. 미국에서는 애완동물과 좋은 관계를 유지하기 위해 직접 애완동물을 데리고 워크숍에 가기도 한다. 그런 노력들 중 어떤 것은 좀 과장된 것처럼 보일지도 모르지만, 동식물을 우리 이웃으로 여겨 아끼고 보호하는 것은 우리 자신의 자아발달에도 큰 도움을 주는 게 사실이다.

평화롭고 포근한 우리의 또 다른 이웃은 바로 침실이나 거실, 테라스에 놓인 화분의 꽃과 나무이다. 대다수의 사람들은 식물과 함께 살아간다. 우리의 집을 아늑하게 해주는 고요한 녹색식물은 인간과 마찬가지로 하나의 생물체이지만, 우리는 식물에 대해서 별로 아는 게 없다. 우리가 집을 비울 때면, 그들은 하루 종일 집안에서 무엇을 할까? 항상 같은 곳을 지키고 있는 그들의 존재는 불안정한 인간과 어떻게 다른 것일까?

물론 필로덴드론(Philodendron: 거의 덩굴성이며 관엽식물로 재배된다 - 역주) 같은 식물의 내면 세계를 엿보는 것은 매우 어려울 수도 있다. 그러나 오랜 세월 동안 언덕 위에 홀로 서 있는 보리수나무의 개성과 인격을 존중할 수는 있을 것이며, 또 그래야만 할 것이다. 그 나무가 가진 삶의 나이테는 우리에게 감동을 준다. 인간보다 훨씬 더 많은 나이, 때로는 2백 년 이상 살아온 세월에 상관없이 자신을 키워나가고, 주위의 자연을 바라보며 울창하고 생기 있게 번창해 자기 자리를 지키고 있는 모습은 존경스러울 따름이다.

식물은 지구상에서 가장 오래되고 몸집이 큰 생명체이다. 비록 걷지 못하고 한곳에 묶여 있기는 하지만, 자신의 씨앗을 널리 퍼트릴 수 있다. 그렇다고 인간과 같은 사고력이 있는 것은 아니다. 그러나 특정한 자극에 반응하며, 위험에 반사적으로 작용한다. 그들 역시 동물처럼 주변 환경을 확실히 의식하고 살아가는 것이다.

보비(Bobby)라는 이름으로 불리기를 더 좋아하는 에라스무스 역시 모든 것들에 대해서 나름대로 생각이 있는 듯했다. 저녁에 타오르는 벽난로 앞에서 내가 친구들과 이야기를 나눌 때마다 보비는 깊이 잠든 척했지만, 분명 우리의 이야기를 주의 깊게 듣고 있었다. 눈치 챌 수 없을 정도로 미세했던 고개의 끄덕임도 그 나름대로의 불만과 동의 또는 황당함의 표현이었을 것이다. 나는 보비가 죽고 나서야 비로소 현명했던 보비의 반응에 더 주의를 기울여야 했다는 후회가 밀려왔다.

보비는 살아 있을 때 이미 수수께끼 같은 행동을 많이 보였다. 그 한 예로, 보비는 바비 인형까지 삼켜버릴 정도로 엄청난 식욕을 가졌던 세인트 버나드종인 개, 요세프에게 물려받은 편한 집을 마다했다. 플라스틱 인형을 삼킨 요세프는 복통으로 바닥에서 데굴데굴 구르며 몸을 가누지 못하다가, 결국 어느 돌팔이 의사에게 위에서 인형을 빼내는 수술을 받다가 죽었다.

보비는 8월 11일, 바로 요세프가 죽은 바로 그날 태어났다. 윤회설을 믿는다고 가정하면 이 모든 것이 보다 명확해질 테지만, 나는 일단 신화적인 가능성을 배제하고 '동물 역사에 하나의 새로운 전기가 마련되었다'라고 생각해 본다. 즉, 어느 한 동물이 이 세상에 태어났는데, 과학자들은 그 동물의 두뇌에서 인간과 같은 기억력을 담당하는 세포를 발견하였고, 바로 그것을 통해서 그 동물이 생각하고 꿈을 꿀 수도 있다는 이야기를 말이다. 또한, 그 동물은 인간에 대해서 곰곰이 생각할 수도 있을 것이다. 마치 우리가 그에 대해서 생각하는 것처럼.

삶의 일부분을 어떤 동물과 함께 지내는 행운을 가졌던 사람이라면 이 사실을 인정할 것이다. 평범함을 뛰어넘어 비범한 행동을 보이는 영리한 개, 고양이, 말 그리고 거북이 등 수많은 동물 이야기가 있다.

그렇다고 해서 그 동물들이 의식을 가진 존재라고 말할 수 있는가?

우리의 이웃인 동식물이 깨어 있는 의식적인 존재라고 확실히 말할 만한 객관적이고 분명한 증거는 없다. 그저 그들이 우리와 비슷한 행동을 보이는 것을 출발점으로 삼고 있을 뿐이다. 차에 긁힌 자국을 발견하면 화를 내고, 생일 선물을 받으면 기뻐하는 우리의 모습을 동물들에게서도 발견함으로써 경험적으로 그들도 인간과 마찬가지로 사고한다고 추측할 뿐이다.

나 역시 보비가 자기 자신의 존재와 환경을 확실히 인식하고 있는지 궁금했지만 그에 대한 해답을 찾기 위해서는 그의 행동을 관찰하는 것밖에 다른 방법이 없었다.

매력과 영리함, 재치와 사랑을 무기로 온 가족을 사로잡았던 그 멋진 존재에게 더 많은 주의를 기울여야 했다는 것을 나는 이제야 깨닫고 있다. 보비는 내가 밖에 있다가 집으로 돌아가는 중이라는 것을 어떻게 아는지, 편하게 잠을 자다가도 대문 앞으로 뛰쳐나와 멀리서 자기에게 친숙한 차가 나타날 때까지 무작정 기다렸다. 신기하게도 보비는 내가 소파에 누워 산책이나 할까? 하고 생각할 때마다 어느새 내 앞에 다가와 있었다.

동물학 이론에 따르면 애완동물은 주변의 미세한 변화에도 매우 민감하다고 한다. 애완동물은 주인의 아주 미세한 동작이나 신호를 자신에게 필요한 정보로 바꾸어 받아들인다.

보비는 우리 집 딸아이들이 학교에서 벌어진 속상한 일로 울음을 터뜨리거나, 첫사랑의 아픔을 겪었을 때, 또는 우리 부부의 다툼으로 아이들이 슬퍼했을 때 따뜻하게 위로해 주던 가장 좋은 친구였다. 보비는 아이들과 고통을 나누었지만, 그것을 그리 심각하게 받아들이지는 않았다. 보비는 그 축축한 코로 아이들을 툭 건드리면서 이렇게 말하는 것 같았다.

"그렇게 힘들어하지 마, 다시 좋은 날이 올 거야!"

보비는 다른 모든 애완동물과 마찬가지로 항상 지금, 이곳에서의 삶에 충실했다. 보비의 철학은 '오늘을 즐겨라! 어제의 골칫거리가 오늘의 나를 괴롭힐 수 없다!' 였다. 오랜 번뇌와 갈등 끝에 헤라클레이토스가 깨달은 정의, "판타 레이(panta rhei), 모든 것은 흘러가고 결코 머무는 일이 없다"가 보비의 넓은 가죽 목걸이에 적혀 있는 것만 같았다.

보비는 정신없고 때때로 자신에게 무관심하며, 극도로 시끄러운 일이 터지기도 하는 한 가정의 울타리 안에서 놀랍게도 시간의 흐름과 변화에 잘 적응하고 있었던 것이다.

이런 특성은 유난히 보비에게 많은 관심을 보였던 고양이 미나에게서도 보이는 것이었는데, 미나에 대해서는 나중에 언급하기로 하겠다.

보비를 키우면서 느낀 것은, 우리가 보비를 존중해 대화하는 듯한 나긋한 목소리로 말을 걸거나, 우리 삶의 일부로 생각하면 할수록, 더 마음을 열고 영리하게 대한다는 사실이다. 때때로 보비는 놀랍게도 내가 그저 머릿속으로만 담아두었던 것을 알아차리는 것 같았다.

훌륭했던 보비와 함께한 삶을 통해 나는 우리의 친근한 이웃인 동물들의 잠재력을 개발할 수 있도록 도와주어야 한다고 생각하게 되었다. 동식물에게 관심을 갖고 그들과 한 이웃처럼 같이 지내는 것은 세상과 우리 자신에 대한 인식을 넓히고 변화시키는 길임이 분명하기 때문이다.

훈장을 받은 개

오스트레일리아에서는 테리어 종 한 마리가 세 아이들을 독사에게서 구출하여 훈장을 받았다. 영예로운 훈장 목걸이를 달고 다니는 피조(Fizo)라는 이름의 이 개는 순식간에 나무로 뛰어올라

약 2미터 길이의 뱀을 덮쳤다. 뱀은 피조의 어린 주인인 아홉 살의 아이와 그의 두 친구를 막 공격할 찰나였다.

피조는 뱀에게 여기저기 물렸지만, 나이 어린 주인을 위해 뱀이 죽을 때까지 이빨로 꽉 물고 놓지 않았다.

2장
다른 세계로 들어가는 문

우리는 때로 세상으로부터 얻은 지식을 과대평가하기도
한다. 몇천 년 전의 스톤헨지 사람들은 자신들이 많은 것
을 알고 있다고 믿었다. 오늘날 우리도 마찬가지다.
막스 델브뤽(Max Delbrück)

동물과 대화하는 동물학자들, 수를 세고 색을 구분하는 앵무새와 256개의 단어를 구사하는 침팬지, 컴퓨터의 질문에 대답하는 돌고래에 관한 이야기 나는 동물이나 식물이 의식을 가진 깨어 있는 존재라는 확신을 가지고 이 글을 쓰고 있다. 아직까지 그들의 의식 작용은 구체적으로 알려지지 않았다. 인간의 지각능력과는 현저하게 달라서 우리가 가진 물리적 척도로는 측정할 수 없기 때문이다.

우리의 이웃인 동식물과 인간 사이를 갈라놓은 이 깊은 간극을 그대로 둔다면, 우리는 인간만을 위한 우주에 홀로 남아 고립된 존

재가 되어갈 것이다. 동식물들과 눈빛을 교환하고 그 깊은 곳을 들여다보면 우리 모두가 서로 신뢰와 사랑으로 깊이 연결되어 있다는 느낌을 받게 된다. 그러나 인간은 이해할 수 없는 언어 속의 미지의 나라에 그들을 남겨둔 채, 인간만의 세계로 돌아오고 만다.

그렇다고 용기를 잃을 것까진 없다. 최근에 발표된 생물학자들의 실험 결과는 믿기 어려울 만큼 놀라운 것이고, 인간과 동식물 세계의 경계는 계속해서 허물어지고 있으니 말이다.

보비와 내가 함께 숲을 산책하고 있어도 같은 냄새를 맡을 수 있는 것은 아니다. 서로 다른 냄새를 맡고, 다른 것에 놀라고, 다른 흔적을 발견한다. 각각 자신이 이해할 수 있는 코드로 세상을 해석하고 받아들일 뿐이다. 마치 동식물과 인간 사이에는 어떠한 일치점도 없는 것처럼 보일 수 있다.

그러나 누군가 동식물들의 세계로 들어갈 수만 있다면, 그는 새롭고 놀라운 관점으로 자신의 존재를 다시 깨닫게 될 것이고, 그를 통해 새로운 진실을 경험한 우리에게도 다른 세상으로 가는 문이 열릴 것이다. 또한 우리는 전혀 다른 낯선 별처럼 지구를 새로이 발견할 수 있을 것이다.

동식물들만의 우주는 인간과 멀리 떨어져 있는 동시에 아주 가까운 곳에 있다. 그곳에 도달하기 위해서는 기존의 낡은 사고들을 버리고, 모든 상상력을 동원해야 한다. 인간의 일상적인 감각의 틀을 과감하게 벗어버린다면, 이제까지의 이성과 경험들 저편에 새로운 모험이 기다리고 있을 것이다.

"야생 침팬지의 깊은 눈을 애정 어린 마음으로 오랫동안 바라보면, 마음속에서 무엇인가 꿈틀거리는 것을 느끼게 됩니다. 그 동물과 내적 교감을 하는 것이죠." 소설가이자 동물행동학자인 비투스 드뢰셔(Vitus B. Dröscher)는 이렇게 말했다.

인간의 감각기관만이 가장 월등한 것은 아니다. 물론 인간보다 더 제한적인 감각세계를 가진 동물들도 있지만, 대부분의 동물들은 인간과 매우 다른 감각기관들을 가지고 있다. 예를 들어 박쥐는 초음파 소리로 방향을 잡고, 벌들은 자외선을 감지할 수 있다. 어떤 비둘기들은 자기장에 관한 감각으로, 어떤 물고기들은 전기에 대한 감각으로 방향을 잡기도 한다. 또한 방울뱀은 어떤 기관을 통해 마치 적외선 카메라처럼 어둠 속에서도 살아 있는 먹이를 찾아낸다.

우리에게 잘 알려진 자연법칙조차도 그들의 세계에서는 단지 제한적으로만 적용될 뿐이다. 예를 들어보자. 중력은 우리의 뼈와 육체의 모습을 형성하는 하나의 요소이며, 집의 설계를 결정하기도 한다. 그러나 아주 작은 곤충의 경우, 이와는 아주 다르다. 딱정벌레는 높은 곳에서 떨어져도 아주 가볍게 착지한다. 또 호수 위를 미끄러지는 소금쟁이는 물의 표면장력을 이용해, 젖거나 가라앉지 않고 수면 위를 나아간다.

어느 봄날에 비행하는 뒤영벌을 쫓아가보자. 기체역학 법칙에 따르면 0.7평방 센티미터 크기의 날개에 1.2그램 정도의 무게를 가진 뒤영벌은 전혀 날 수가 없다. 그 크기와 무게, 몸의 형태, 두 날개가 전혀 날 수 없는 구조인 것이다. 다행히도 뒤영벌은 과학책을 읽지 않을 뿐더러 물리학 이론도 모르기 때문에, 그저 날 뿐이며 부지런히 꿀을 모은다.

이런 모든 능력의 다양성을 무시하고 말한다면, 사실 모든 생물체는 그 주변 환경에서 끊임없이 일어나는 많은 사건들 중 단지 어느 일부만을 인식할 뿐이라고 할 수 있다. 예를 들어 인간은 주변의 방송전파나 전기교류 등을 느끼지 못한다. 인간의 감각은 제한적이라서 이런 현상들을 알아차리기 위해서는 그에 맞는 감각계가 필요한 것이다.

과학자들은 동물들의 행동을 오랫동안 관찰해왔다. 동물들의 행동은 의식적으로 사고하고 결정을 내리는 것처럼 보인다. 하지만 지금까지 동물에게도 의식과 감정이 있다고 주장하는 선문가들은 신비로운 동물의 삶을 쓰는 동화작가나 망상적인 자연보호주의자들과 마찬가지로 한낱 이야기꾼과 같은 대접을 받아왔다.

우리는 동물이 그들 자신과 주변에 대해서 의식하고 있는지 알기 위해 그들의 행동을 연구해야 한다. 인간과 마찬가지로, 동물들도 저마다 고유한 의식세계를 갖고 있으며, 다른 이들의 의식세계와 서로 교류하려고 노력한다. 따라서 동물들 역시 인간처럼 자신만의 자아 발달을 가져오는 매우 개별적인 경험들을 쌓게 된다. 주변 환경과 개별적인 도구, 즉 능력을 통해 살아가는 지혜를 터득하게 된다.

동물을 본능의 노예라고 여기던 인간의 사고는 변하기 시작했다. 동물의 기억력, 습득력, 고도로 발달된 사회적인 행동과 유난히 발달된 감각 등은 그들에게도 높은 지적 능력과 발달된 의식이 있음을 의미한다. 그렇다면 도대체 어디에서부터 동물의 자유 의지가 시작되는가? 또한 그것을 어떻게 밝힐 수 있을까? 복잡한 뇌 구조를 살핀다고 의식과 지적 능력을 밝혀낼 수는 없을 것이다. 생물체 안에서 진정 무슨 일이 일어나고 있는지는 지금까지도 많은 부분이 베일에 싸여 있다.

매일매일 새롭게 알게 되는 많은 것들은 그때그때 우리의 사고 구조에 많은 영향을 미친다. 인간에게는 모든 것에 통용되는 공통된 세계상이 있는 것이 아니라, 각자 자신의 세계에 대해서 스스로 만든 주관적인 상이 있다.

새로운 지식을 끊임없이 받아들이는 것은 자연과학의 본질에 속한다. 이제까지의 익숙하고 편안한 시각을 새로운 지식을 통해 바꿀 수 있어야 한다. 하지만 미국 애리조나 주의 턱슨에서 열린 학회에서 한 수수께끼를 풀기 위해 모인 2천여 명의 학자들은 이것이 얼마나 어려운 일인지 실감했을 것이다. 많은 이들이 학문을 향한 가장 큰 도전으로 이해하고 있는 그 수수께끼는 '인간의 의식이란 무엇인가?' 이다.

더욱이 동물의 왕국을 대표해서 나온, 5세 아이의 지능을 가진 회색앵무 알렉스(Alex)가 소개되자, 그들의 놀라움은 충격으로 바뀌었다.

그 앵무새는 몇백 개의 단어를 의미 있게 나열했을 뿐만 아니라, 일곱 가지 색과 다섯 가지의 형태를 구별하고 6까지 수를 셀 수 있었으며 형태와 색, 크기에 따라서 사물을 찾아낼 줄도 알았다.

생태학자인 아이린 페퍼버그(Irene Pepperberg)는 1977년 한 동물병원에서 이 새를 사들였다. 사교적인 이 앵무새는 인간의 음성을 다양하게 흉내낼 수 있었다. 그녀는 알렉스에게 소리뿐만 아니라, 단어의 의미까지도 가르쳤다. 또한 이를 위한 특별훈련방법을 개발했고, 영리한 알렉스는 흥미 있게 따라하곤 했다.

어느 날, 아이린은 알렉스에게 사과, 호두, 열쇠, 코르크 마개를 보여주며 무엇인지 알아맞히게 하는 실험을 했다. 새가 바르게 대답하면, 칭찬과 함께 기지고 싶었던 선물을 주는 훈련이었다. 물론 알렉스는 열심히 문제를 풀었고, 칭찬과 함께 장난감 선물을 받을 수 있었다.

알렉스는 어려운 문제에도 척척 대답했다. 아이린이 푸른 열쇠 두 개와 붉은 열쇠 세 개를 내보이면서, "푸른 열쇠는 몇 개지?"라고 물으면 알렉스는 "두 개"라고 대답했다. "이 두 가지 열쇠의 다른 점은 무엇일까?" 계속해서 아이린이 묻자, 알렉스는 곧바로 대답했다. "색깔!"

알렉스는 50가지 사물의 이름을 말하고, 색과 수를 알았으며 심지어 같고 다른 원칙까지 이해했던 것이다.

그곳에 모인 철학자와 심리학자, 신경의학자들은 어린아이 수준의 지능을 가진 이 앵무새를 보며 놀라지 않을 수 없었다. 그렇다면 색깔, 형태, 수와 같은 추상적인 개념이 동물들의 세계에 존재한단 말인가? 그리고 우리에게 그 세계로 가는 문이 진정 열릴 수 있단 말인가?

인간의 의식을 연구하는 학자들은 이제까지 인간에게만 주어진 특권이라고 여겨졌던 의식이 한 마리의 앵무새에게도 있다고 인정해야만 할 것 같았다. 그들이 그것을 부인한다면, 알렉스의 행동을 어떻게 설명할 수 있단 말인가? 심지어 다섯 살짜리 어린아이라도 그것을 부인할 수는 없을 것이다.

브루노(Bruno)라는 앵무새는 올덴부르크에 위치한 질베린과 호르스트 베네딕스 부부의 집에서 20여 년 동안 살아왔다. 위엄 있는 풍채와 노란 가슴의 브루노는 가족과 함께 살면서 상당수의 어휘를 배웠고, 이를 적절하게 활용해 위험한 상황에서 두 번이나 가족을 구해냈다.

"하루는 집에 혼자 있는데 초인종이 울려 문을 열어보니 외판원이 잡지 구독을 하라며 문앞에 서 있었어요." 질베린은 당시의 상황을 설명했다. "그는 아주 적극적으로 말하면서 계속 나를 거실 쪽으로 밀어붙였어요. 어느새 문이 닫히고 그 남자가 집 안으로 들어와버렸지요." 부인은 두려움에 사로잡혔다. 그러나 집 안에는 아무도 없었다. 다급해진 그녀는 위층을 향해 소리쳤다. "호르스트, 빨리 내려와서 나 좀 도와줘!" 그러나 그 남자는 속임수임을 알아차리고 히죽 웃을 따름이었다. 그때, 위층에서 까랑까랑한 목소리가 들려왔다. 화들짝 놀란 남자는 당황하며 층계 쪽을 쳐다보다가 서둘러 집을 빠져나와 도망쳤다.

"무슨 일인데? 무슨 일인데?"라고 큰소리로 외친 것은 바로 브루노였다.

영리한 브루노는 이전에도 베네딕스 가족의 구세주가 된 적이 있었다. 장미의 월요일(Rosenmontag, 사육제 전의 월요일 – 역주)인 휴일에 남편 호르스트가 텔레비전으로 카니발 퍼레이드를 보고 있는 동안, 욕실에서 목욕을 하고 있던 질베린은 갑자기 눈앞이 노래지면서 쓰러지고 말았다. 잠시 후, 정신이 조금 든 그녀는 흥분한 듯 자기 주위를 맴돌고 있는 브루노를 보았다. 브루노는 그녀의 귀와 코를 콕콕 찔러보면서 매우 불안해하고 있었다. "브루노, 호르스트를 불러줘." 부인은 쓰러진 채로 힘들게 입을 열었다. 브루노는 그 말을 알아차리고, 복도를 지나 뒤뚱거리며 층계를 내려갔고, 텔레비전을 보고 있는 호르스트의 눈앞에서 양탄자를 쪼아댔다. 호르스트는 이상하다고 생각했지만, 그 뜻을 이해하지는 못했다. 그는 브루노의 행동에서 느껴지는 불안함을 덮어버리고 다시 텔레비전 화면으로 시선을 돌렸다. 어찌 할 도리가 없던 브루노는 다시 힘없이 쓰러져 있는 부인에게 돌아왔다. "나 좀 도와줘, 브루노. 나 좀 도와줘." 그녀는 다시 한 번 속삭였다. 그러자 브루노는 이번엔 굳게 결심한 듯, 계단 난간에 앉아서 큰 소리를 지르기 시작했다. 그 소리가 너무 크고 시끄러워서 화가 난 호르스트는 계단을 올라와 부인을 발견했고, 부인은 위기에서 벗어날 수 있었다.

브루노는 인간들의 방식으로 인간과 의사소통할 수 있는 유일한 종류의 동물에 속한다. 이 앵무새는 극복할 수 없었던 한계를 넘어섰다. 그 한계란 이제까지 학자들이 연구 대상에서조차 제외시켰던 '언어' 이다.

그러나 여우, 토끼, 고슴도치 또는 쥐나 금붕어의 경우는 어떠한가?

동물 의식 연구자들이 이런 문제 제기를 했다는 사실만으로도 하나의 진보이며, 이런 과정을 통해 학문적으로도 인정받게 될 것이다.

심리학자들은 대화를 통해 인간의 영혼과 접촉을 시도한다. 그러나 동물학자들은 아직까지 동물의 반응을 역추론할 수밖에 없다.

푸른 긴꼬리원숭이, 비비속 원숭이, 찌르레기 등 거의 모든 동물들도 서로 의사소통을 한다. 그러나 동물의 언어 코드를 밝히는 일은 쉽지 않다. 인간의 문화는 문장으로 표현되고 형성되는 언어에 바탕을 두고 있다. 그래서 언어를 잘 이해하지 못하면 오해와 갈등이 일어나게 마련이다. 동물들과의 의사소통은 생각, 상상, 감정과 여러 가지 이미지 등을 통해 더 직접적으로 일어나는 것 같다. 동물들은 추상적으로 생각하는 것이 아니라 직접적으로 생각하기 때문이다.

턱슨 학회에서 조지아 주립대학의 동물연구팀은 피그미 침팬지인 칸지(Kanzi)를 선보였다. 그 침팬지는 명령 언어의 횟수를 구분할 뿐 아니라, 자신의 의사를 전달하기 위해 칠판에 쓰인 256개의 상징을 적절하게 이용했다.

돌고래의 뇌 조직은 인간의 것보다 더 촘촘하다. 그들은 활발하게 움직이는 의사소통 체계를 가지고 있는데, 현재까지 그 체계를 파악하지 못하고 있다. 그러나 우리가 돌고래에 관해서 생각하는 것처럼, 그들도 인간에 관해서 곰곰이 생각하고 있지는 않을까! 러트거스 대학의 다이애나 라이스(Diana Reiss)는 돌고래에 관한 연구 논문을 발표했다. 돌고래들은 컴퓨터로 재생된 휘파람 소리를 통한 그녀의 커뮤니케이션 시도에 응답했다. 그녀와 돌고래는 이 새로운 언어의 문법과 어휘를 익히기 위해 여전히 노력 중에 있다. 라이스는 이로써 미래의 정보 교환을 위한 하나의 방법을 찾았다고 확신한다.

몽고 사막의 쥐들도 그 휘파람 소리가 길게 이어지는지 짧게 울리는지, 또는 큰 소리인지 작은 소리인지, 점차로 상승하는 소리인지 아니면 고른 소리인지를 구별할 수 있으며 그에 따라서 행동할 수 있다. 인간과 쥐의 커뮤니케이션은 마그데부르크의 신경학협회장 헤닝 샤이흐(Henning Scheich) 교수가 추진 중이다. 인간과 쥐의 소통연구는 마치 서커스처럼 보일지 모르지만, 샤이흐와 그의 동료 볼프람 베첼(Wolfram Wetzel)은 이 연구를 통해 쥐가 '종목 만들기'를 할 수 있다는 것, 즉 다양한 경험과 사건들을 하나의 종목과 개념으로 요약 정리할 수 있다는 것을 증명했다. 이를 통해 학자들은 사막에 사는 단순한 쥐조차도 의식을 가지고 있다고 생각하기 시작했다. 그렇지 않고서는 쥐들도 살아남을 수 없기 때문이다. 그러면 콘스탄츠 대학의 비둘기들은 어떠한가? 실험을 통해 비둘기들이 논리적인 추론을 해낼 수 있음이 증명되었다. 즉, A가 B보다 낮고, B가 C보다 나으면 A는 C보다 낮다는 결과를 이끌어냈던 것이다.

어느 앵무새는 상처 입은 다른 앵무새를 돌보고, 침팬지는 수화로 서로 의사를 전달하며, 돌고래들은 마치 서로 약속이나 한 듯, 동시에 똑같은 모습으로 재주를 부린다.

침팬지의 얼굴에 몰래 얼룩을 묻혀놓으면, 침팬지는 거울 앞으로 다가가 그 얼룩을 열심히 지운다. 이것을 보면 침팬지도 자기 자신에 대한 의식을 가지고 있다는 것을 확실히 알 수 있다. 바로 이런 모습이 의식을 규정하는 많은 개념 중의 하나이다.

내가 쓰는 이 글이 동물들의 의식 개념 규정에 대해 확실한 해답을 제시하리라고 장담할 수는 없다. 마치 지구라는 별에 존재하는 수많은 생물처럼, 의식과 관련해서도 무수한 개념이 존재하기 때문이다. 많은 사람들은 두뇌의 산물을 의식이라고 생각한다. 그렇기 때문에 인간만이 의식을 소유하고 있는지, 아니면 동물 역시 의식을 가지고 그에 따라 행동하는지에 대한 논쟁도 끊임없이 되풀이되고 있는 것이다.

보다 더 현명한 학자들은 턱슨 학회에서 의식이란 생물학적 진화의 결과라고 피력했다. 의식의 뿌리는 동물의 세계에도 이미 깊이 박혀 있다는 것이다. 이것은 인간이 끝없이 긴 생물 진화의 사슬에서 가장 끝에 서 있다는 것을 생각하면, 더욱 타당한 것으로 들린다. 즉, 원시 바다생물에서 양서류, 파충류, 포유류를 거쳐서 호모사피엔스사피엔스인 이성을 가진 현재의 인간으로 진화한 것은 의식의 발달을 위한 하나의 긴 봉로였던 것이다.

그래서 우리는 인간에게 해당되는 것이 동물에게도 역시 존재한다고 전제할 수 있다. 동물들은 주관적인 경험을 통해 자신들만의 지각세계를 만들어냈고, 그 세계 속에서 방향을 잡고 자유로울 수 있다. 그 세계는 인간의 세계와 비슷할 수도, 아주 다를 수도 있을 것이다.

3장
개와 그들의 숨겨진 재능

당신의 개는 당신 곁에 있는 한, 당신이 헌금함을 훔치거
나 살인을 저질렀다 해도 상관하지 않습니다. 개는 언제
나 당신을 도울 준비가 되어 있고, 당신이 실패했다면 당
신을 위로해 줄 것입니다.
로버트 존스(Robert F. Jones)

개와 인간은 어떻게 친구가 될 수 있었을까. 뉴욕 근교의 파운
그들의 충실한 우정과 신비에 싸인 초능력에 드 리지에 있는
대한 이야기 초호화 저택에서

극적인 드라마가 펼쳐졌다. 하루는 그 집 부부가 집을 비운 동안
이웃에 사는 10대의 베이비시터가 생후 6개월 된 그들의 아기 몰
리를 돌보고 있었다. 그날 밤, 초인종이 울려서 문을 열어보니, 웬
남자가 문앞에 서 있었다.

그는 "몰리의 아빠가 사고로 갑자기 병원에 입원하는 바람에,
부인이 병원에 있어요. 저보고 아이를 빨리 데리고 오라고 합니

다"라고 말했다.

그의 말이 의심스러웠던 베이비시터는 재빨리 문을 닫으려고 했다. 남자는 그 사이에 벌써 집 안으로 들어와 소리치며 우는 아이를 낚아채고는 집을 빠져나갔다. 그러나 그는 로트바일러 종의 개 애비(Abby)를 생각지 못했다. 45킬로그램이나 나가는 커다란 애비는 망설임 없이 남자에게 달려들어 팔을 물고 놓지 않았다. 남자는 아이를 떨어뜨리고, 고통으로 비명을 지르면서 도망쳤다. 물론 아이는 무사했다.

이 이야기는 개와 인간의 멋진 우정에 관한 수많은 이야기 중의 하나이다. 도대체 어떤 지적인 능력이 개의 그런 본능적 행동을 불러일으키는지 놀라울 뿐이다.

미국 뉴멕시코 주의 한 목장에서 다른 개들과 함께 아린, 토비 형제의 집에 사는 잡종견 라자루스(Lazarus)의 이야기도 이와 비슷하다.

어느 날, 달리는 차에 치여 매우 심하게 다친 라자루스는 꼼짝도 하지 않아, 마치 죽은 것처럼 보였다. 슬픔에 잠긴 아린과 토비는 라자루스를 집 앞뜰에 묻었다. 그러나 다음날 아침 그 '죽은 개'가 온몸이 흙투성이가 된 채 지친 모습으로, 그러나 아직 살아 숨쉬는 채로 문앞에 누워 있는 게 아닌가! 형제는 너무도 놀랐다. 목장의 다른 개들이 라자루스가 아직 죽지 않았다는 것을 느낌으로 알고 무덤을 파냈던 것이다.

독일인들은 오래전부터 짧고 굽은 다리를 가진 사냥개 닥스훈트를 사랑해왔다. 수많은 사람들이 닥스훈트를 키우고 훈련시켰고, 다리가 짧은 닥스훈트는 낮은 자세로 걷고, 목에 맨 개 목걸이에 몸이 이리저리 엉키면서도 끊임없이 인간에게 복종해왔다.

"닥스훈트는 현명하고 눈치가 빠르며, 충실하고 명랑하다." 『브렘의 동물일대기』의 저자 알프레드 브렘(Alfred E. Brehm)은 다음과 같이 덧붙였다. "그러나 한편으로는 간교하고, 도둑질을 잘한다. 또한 모든 것을 심각하게 받아들이고 불평이 많으며 때때로 사악하기까지 하다."

잘 알려진 이와 같은 개의 속성은 태곳적부터 내려온 것 같은 인간과 개의 영원한 친밀감에 대해 전혀 다른 시각을 보여준다. 즉, 인간이 개에게 다가간 것이 아니고, 개가 인간에게 다가오면서 이루어진 것이라는 것을 암시하는 것이다.

영리함과 체격은 상관없다. 내가 커다란 몸집의 뉴펀들랜드 종 보비의 지능과 상냥함을 무척 높이 사긴 하지만 말이다. 보비와 함께 산책할 때, 언젠가 더 영리한 듯 보이는 어느 개 한 마리와 우연히 마주친 적이 있다. 어두운 전나무 숲속에서 이 조그만 개가 몸을 움직이지 않았다면 우리는 그를 보지 못하고 그냥 지나칠 뻔했다. 그 개는 우리 앞에서 의식적으로 몸을 움츠리면서 멍멍 짖어댔다. 붉은 리본을 머리에 단 요크셔테리어는 길을 잃은 것 같았고,

곤경에 처한 자기를 구해 달라고 요청하고 있었다.

몸집이 큰 보비가 이름 모를 꼬마 개 옆에서 집을 향해 행진하는 모습은 정말 우스꽝스러웠다. 집에 도착하자, 요크셔테리어는 의기양양하게 우리 집 고양이의 밥그릇에 다가가 혀를 날름거리며 먹이를 먹고, 다음에는 개 과자에 허겁지겁 달려들어 먹더니, 곧이어 우리 가족의 저녁식사까지 끼어서 거들었다. 그 녀석은 너무도 당연한 듯이 우리 식탁의 한 자리를 차지하는 것이었다. 경찰과 동물보호소에 신고를 해봤지만 요크셔테리어를 잃어버린 사람은 없었다. 한참 후가 지나서야 개를 잃어버린 어느 영국인 가족을 찾게 되었다. 그런데, 그 가족에게는 요크셔테리어보다도 호랑이만큼 덩치 큰 애견이 더 어울릴 듯했다. 개를 데려다 주기 위해 그 집을 찾은 나는, 그 개의 자유를 향한 갈망을 이해할 수 있을 것 같았다. 세 명의 아이들이 다시 돌아온 개에게 달려들어 부비고 키스하고 쓰다듬고, 동시에 귀며 꼬리며 여기저기를 마구 잡아당겼다. 아이들 모두가 각자 개의 어느 한 부분을 원하는 것 같았다. 혹시 아이들이 이런 넘치는 사랑으로 마구 만져대서 개가 원래 크기보다 더 줄어든 것은 아닐까 하는 생각이 들었고, 혹시 그 개가 또다시 가출하지 않을까 하는 걱정까지 생길 정도였다.

어느 텔레비전 프로그램에서 알게 된 크리스타 슈트렘펠이라는 여인은 자신이 기르는 요크셔테리어 신디(Cindy)에 관한 멋진 이야기를 들려주었다.

집수리를 위해 수리공들이 7주 이상 집을 드나들게 되었고, 개는 그 낯선 사람들에게 익숙해졌다. 그들은 가끔 개에게 소시지를 던져주면서 개와 더욱 친해졌다. 집수리가 끝나자 부부는 성공적인 공사를 축하하며 근처 레스토랑으로 가서 식사를 했다. 그때 신디는 할머니와 함께 집에 남아 텔레비전을 보고 있었다. 식사를 마친 슈트렘펠 부부가 집에 돌아와보니, 집안은 아수라장이 되어 있었다. 노파는 피를 흘린 채로 부엌에 쓰러져 있었고, 개는 보이지 않았다. 한참 이름을 부른 후에야, 신디는 쇼크를 먹은 듯 불안한 표정으로 창고에서 모습을 드러냈다. 마스크를 쓴 한 남자가 노파를 폭행하여 의식을 잃게 하고, 부엌 서랍에 둔 돈을 훔쳐 달아났던 것이다. 응급차가 오고, 경찰이 범인 수색에 나섰지만 몇 주가 지나도록 범인은 잡히지 않았다. 몇 달이 지나고, 두 명의 수리공이 간단한 수리를 위해 다시 그 집을 찾았을 때 모든 것이 드러났다. 그들은 신디를 모른 척했다. 그러나 신디는 분노에 찬 듯, 이를 갈면서 그들을 향해 으르렁거렸다. 슈트렘펠 부인은 신디의 이상한 행동을 수상히 여겨 경찰에 신고했으며, 경찰은 두 남자를 조사하였다. 예상대로 그들 중 한 명이 저지른 범행이었다.

인류의 역사가 동트기 시작한 태곳적부터 개들의 조상은 나무 꼭대기로 기어오르거나 사냥을 위해 동굴을 나온 인류의 조상, 비틀거리며 두 발로 걷는 원시인과 마주쳤다. 서로가 첫눈에 반한 만남이었을 것이다. 원시인은 이 동물을 쫓으려고 돌을 던졌을 테지만, 개는 멀리 도망가지 않았을 것이다. 인간과 개는 서로를 바라보았을 것이다. 한쪽에서는 의심에 찬 눈초리로 위협하듯이, 다른 한쪽에서는 복종할 준비가 되어 있는 듯이 부드럽게. 그때 그들은 이미 정해진 운명을 깨달았을 것이다. 초기 인류의 뼈가 발굴된 대부분의 장소에서는 개의 두개골이 함께 발견되었다. 개들이 사람 곁에 남은 것은 궁핍했던 먹이 때문만은 아니었다. 그들은 용감하고도 영특하게 동물을 사냥했고, 자신이 잡은 그 신선한 고기를 탐욕적으로 갈기갈기 뜯어먹었다. 용감하게도 곰, 늑대 또는 호랑이까지도 공격했다. 그러나 유독 사람에 대해서만은 순종적이었다. 원시 사회에서는 젖먹이 아기가 죽으면 산모가 개의 새끼에게 젖을 물려 모유가 넘치는 것을 막았다. 인간의 아이와 개의 새끼는 한 젖을 나누어 먹는 형제로 자랐던 것이다.

그 시절에 인간 곁으로 다가온 최초의 개는 아직 멍멍거리며 짖지는 못했다. 현재 남아 있는 모든 야생 개는 원시 시대의 그들의 조상처럼 난시 포효할 뿐이며, 개과에 속하는 늑대, 제칼, 하이에나처럼 그저 낑낑거릴 뿐이다.

인간과 함께 지내며 언젠가부터 개가 짖기 시작했다. 그것은 개가 인간과의 커뮤니케이션을 위해 자신들만의 언어를 발견해 그것을 발전시키고, 훈련한 결과이다. 이 언어가 언제나 자신의 의사를 표현하는 데 충분하지 않을지도 모른다. 마치 그들이 위협하고, 꾸짖으며 싸우려고만 하는 것처럼 들릴 수도 있으니 말이다.

그러나 그 소리는 우리를 감동시킨다. 바로 여기서 한계를 뛰어넘으려는 한 생물체의 노력을 느낄 수 있기 때문이다.

이탈리아의 한 토크쇼에 나온 다섯 살의 페키니즈(고대 중국 왕실에서 기르던 몸집이 작은 애완견 – 역주)가 개 역사의 새로운 장을 펼친 것일까? 리보르노의 세르지오 치오니는 세 명의 친구 이름을 부를 수 있는 자신의 개, 빌리(Billy)를 토크쇼에 데리고 나와 선보였다. 우선 그 개는 누구나 알아들을 수 있는 또렷한 목소리로 자신과 매일 공원으로 산책을 나가는 10세 소녀의 이름 '레아'를 말하고, 그 다음으로 친한 두 명의 친구, '발레리오'와 '일라리아'의 이름을 불렀다. 세르지오의 가족 말로는 이 개는 가볍게 짖은 다음, 그 단어들을 천천히 소리 내는 버릇이 있다는 것이다. "우리도 처음에는 그저 착각이라고 생각했어요. 그러나 그 뒤에도 여러 번 그 단어를 똑똑히 들었어요."

누구도 이 개에게 사람의 말을 가르친 적은 없었다고 한다. "하지만, 언젠가 아이들이 빌리의 얼굴에다 대고 자신들의 이름을 말하는 것을 본 적이 있지요. 그때 빌리가 매우 주의 깊게 그것을 듣더라고요"라고 세르지오는 말한다.

그 프로에 출연한 동물학자들은 빌리에게 특별한 모양의 성대가 있어서, 이 세 단어를 발음할 수 있다고 믿었다. 브라운관에 모습을 보이고 난 후, 빌리는 계속 인간의 언어를 흉내내보라는 요구에 시달렸고 목을 너무 혹사시킨 나머지 의사로부터 더 이상 말을 하지 말라는 명령까지 받았다.

1만 4천여 년 전부터 인간의 동반자였던 개는 자신의 개성을 발전시켜왔으며, 기쁨과 고통 등의 감정을 겉으로 표현해왔다. 이는 현대 생태학자들에게 있어 의문의 여지가 없는 사실이다. 왜냐하면 발전사적으로 볼 때, 개의 두뇌에서 가장 오래된 부분인 대뇌변연계(limbic system, 대뇌반구의 안쪽과 밑면에 해당하는 부위 ― 역주)가 인간과 마찬가지로 감정과 의지를 담당하고 있기 때문이다. 개들은 단순히 본능에 의해서 짝짓기를 하는 것이 아니라, 서로 구애하고 사랑에 빠지기도 하며 마음에 들지 않으면 거부하기도 한다. 미국의 인류학자인 엘리자베스 마셜 토머스(Elizabeth Marschall Thomas)는 30년 동안 모두 열한 마리의 개를 관찰하고 나서 낭만적인 사랑은 인간의 전유물이 아니라고 주장했다. 동물들에게도 사랑이 존재하며, 서로를 묶어주는 이 강력한 끈은 꼭 필요한 것이라고 한다. 이를 통해 서로에게 충실할 것을 요구하고, 이로써 양육과 번식이 순조롭게 이루어지기 때문이다.

개는 색을 구분할 수 있으며, 인간의 청각을 월등히 앞서는 수준으로 소리를 잘 듣는다. 그러나 그들에게 가장 큰 기쁨을 주는 기관은 뭐니뭐니해도 코다. 모든 개가 코로써 온 세상을 두루두루 탐색하며 다닐 멋진 날을 꿈꾸고 있다. 그런 기쁨과 즐거움을 누리기에 적당한 최고의 코를 가지고 있는 것이다. 인간이 단지 5백만 개

정도의 후각 세포를 가지고 있는 데 반해, 독일산 셰퍼트는 22억 개를 가지고 있다.

또, 개는 유머가 풍부하다. 그들의 가장 큰 즐거움은 주인을 위해 기쁨을 선사하는 귀여운 어릿광대가 되는 것이다.

개들은 또한 초자연적인 능력으로 우리를 사로잡는다. 아니, 어쩌면 소위 '초자연적인 능력'은 아니라는 것을 인정해야 할 것이다. 왜냐하면 자연에서 일어나는 모든 현상은 응당 자연적인 것이기 때문이다.

충분히 설명되지 못하고 아직까지 신비에 싸여 있는 현상들이 있는 것만은 분명하다. 거의 모든 생물체가 초감각적인, 즉 다시 말하면 인간의 감각을 넘어선 능력들을 지니고 있다. 그로써 그들은 우리와는 완전히 다른 자신만의 경험세계를 만들고, 인간의 의식과는 전혀 구분되는 특별한 의식 상태가 되는 것이다.

기센 대학의 우테 플라이메스(Ute Pleimes) 박사는 몇 년에 걸쳐 동물의 초감각적 지각 능력에 대해서 연구했다. 그녀는 자신이 키우던 개의 경고를 무시하는 바람에 피할 수 있었던 죽음을 당한 한 여인에 대해 이야기했다. 어느 날 그 여인이 이웃집 자동차를 빌려 타려고 하자, 그녀의 개가 안간힘을 쓰며 그녀를 차에 오르지 못하도록 방해하는 것이었다. 개는 으르렁거리면서 그녀의 손에서 차 열쇠를 뺏으려고 했다. 그녀는 개를 떼어놓기 위해 안간힘을 써야 했다. 가까스로 개를 떼어낸 그녀가 차를 몰자, 개는 큰 소리로 짖으면서 한참을 뒤쫓아오는 것이었다. 그로부터 한 시간이 지난 후, 그녀가 몰던 차는 길 위에서 미끄러져 담벼락을 들이받았고, 그녀는 영영 다시 돌아오지 못했다.

영국 생물학자 루퍼트 쉘드레이크(Rupert Scheldrake)가 편찬한 동물에 관한 특이한 경험담을 모아놓은 책에는 노이 이젠부르크에 사는 한 남자의 이야기가 실려 있다.

"때는 1926년의 어느 더운 여름날이었지요. 수영복만 걸친 저는 한 음식점 앞뜰에서 친구 헤르만을 기다리고 있었어요. 라인강변으로 수영하러 가기로 약속이 되어 있었거든요. 뻣뻣한 털을 가진 큰 개 하로(Harro)의 털을 쓰다듬으며 헤르만을 기다리고 있었지요. 그런데 헤르만이 나타나자, 하로가 갑자기 일어나 털을 곤두세운 채 몸을 움츠리면서 자꾸 친구를 피하는 것이었어요. 헤르만은 '도대체 왜 저러지? 내가 무슨 유령이라도 되나? 평소에는 나를 살 따랐는네!'라고 외쳤지요. 저도 하로의 이상한 행동에 무척이나 놀랐어요."

그와 헤르만은 라인강을 거슬러 올라가 수영을 했는데, 물살이 너무 세찼다. 당시 18세였던 그가 친구에게 소용돌이 급류에 주의하라고 말하는 순간, 헤르만이 물에 휩쓸려 갑자기 사라졌다.

얼른 물 밖으로 나와 강물이 흐르는 쪽으로 내려갔지만 친구는 보이지 않았다. 그렇게 빨리 떠내려가지는 않았을 거라고 생각한 그는 오던 길을 다시 돌아가다가 만난 독일 세관원들로부터 친구가 물에 빠져 죽었다는 이야기를 전해 들었다. 한 연어낚시꾼이 그를 발견했으나 수영을 하지 못해 친구를 돕지 못했다고 했다. 이틀뒤, 프랑스 휘닝엔 근처 라인강 유역에서 친구의 시신이 발견되었다. 헤르만의 나이는 22세였다. 하로는 헤르만의 죽음을 예감했던 것이다. 바로 그가 물에 빠져 죽기 30분 전에 말이다.

개를 키우는 모든 사람들은 개가 지닌 독특하고 특별한 성격과 다양한 능력을 알 것이다. 개는 자신만의 생물적 본능으로 인간의 감각으로는 볼 수 없는 신호에 반응한다. 특별한 청각과 후각 이외에도, 개는 매우 좋은 방향감각을 가지고 있어서 전혀 가본 적 없는 지역을 오랫동안 헤맨 후에도, 상처 하나 없이 멀쩡히 살아남을 수 있다. 거위나 고양이 같은 다른 동물들처럼 그들도 미래에 대한 예지 능력을 가지고 있다. 아직은 그런 텔레파시의 능력을 학문적으로 증명해 보일 수는 없다. 영국의 생물학자 쉘드레이크는 그의 저서 『세계를 바꾸는 일곱 가지 실험』에서 개의 놀라운 능력을 인정하고, 특히 높은 지적 능력을 증명함으로써 개에 대한 고정관념을 바꿔야 한다고 말한다.

무엇보다 이것 하나는 오래전부터 확실하다. 개는 자연 속의 진정한 보수주의자다. 그들은 남자, 여자 그리고 아이들이 변치 않고 자신의 삶에 머물며 절대 떠나지 않기를 원한다. 또한, 계속해서 때에 맞춰 자신에게 먹이를 주는 주인과 함께 영원한 우정을 나누고 싶어한다.

몇천 년 이상 지속되어 온 인간과 개의 관계는 커다란 미스터리 중의 하나이다. 처음부터 개의 얼굴에는 인간을 사랑한다는 말이 씌어 있었던 것 같다. 그 사랑은 운명적이라고밖에 말할 수 없다.

마틴 루터의 개

종교개혁가 마틴 루터는 개의 좋은 친구였다.

자신의 글 때문에 황제와 의회의 소환을 받아 보름스로 향하는 길에 한 마리의 개가 그와 동행했다. 또한, 그는 사냥개와 농장의 개들에게 둘러싸여 비호를 받으면서 바르트부르크에 있는 은신처에서 독일어로 성경을 번역했다. 그의 고향 비텐베르크 집의 개들은 부엌에 남은 음식 찌꺼기보다 더 훌륭하고 푸짐한 음식을 먹었다. 이 네 발 달린 동물의 충성심에 대한 감사로 그는 또다시 교회의 낡은 교리에 반하는 글을 썼다. 그는 그 글을 통해 동물이 우리의 이웃 같은 존재라는 것을 인정하였다. "그래서 나는, 개들은 죽어서 하늘나라로 갈 것이라고 믿는다. 또한, 이 세상의 모든 창조물은 영원히 죽지 않는 불멸의 영혼을 지녔다고 믿는다."

4장
은밀한 무정부주의자 고양이

대표적인 애완동물 중에서 고양이가 가장 마지막으로 인류 역사 속에 그 모습을 내밀었다. 그들은 고대의 암흑세계, 즉 중앙아시아에서 처음으로 모습을 드러냈다.
헤르만 모스타(Herman Mostar)

품위 있고 매력적인 이기주의자, 고양이가 어떻게 인간의 마음을 사로잡고 이집트의 수호신이 되었는지에 대한 이야기

나는 다양한 성격을 가진 많은 고양이들도 길러봤다. 고양이와의 첫 번째 만남은 '어미'라는 뜻의 이름을 가진 메르쉔(Merschen)이었다. 이 암고양이는 마을 전체에 흩어져 있는 새끼 고양이들의 어미였을 것이다. 몇십 년 전에 우리 가족이 이사해 간 언덕 위의 집 '메종 쉬 레 콜린스'도 이미 그전부터 메르쉔이 살던 집이었다. 그 고양이는 벚나무 아래에서 별 관심 없다는 듯이 우리 가족이 이사 오는 것을 지켜보았다. 우리는 다른 곳으로 멀리 이사하는 어느 가족에게서 그 집을 구입했는데, 그들이 이사가고 아무도 없는 텅 빈 집에 메르쉔만 남겨져 있었던 것이다. 그 고양이는 자신과 함께 살던 가족을 택한 것이 아니라, 그 장소를 택했다.

고양이는 끊임없이 자기만 생각하는 멋진 이기주의자이다. 자신의 애정을 남에게 쏟기 전에, 우선 자신을 무제한적으로 사랑하는 고양이 메르쉔 이후에, 우리 집으로 온 적갈색의 수고양이 바바로사(Babarossa)는 마을에 암고양이 수가 월등히 많은 관계로 곧 자신의 활동 범위를 넓힐 수 있었다.

어디론가 떠돌며 자유롭게 집을 드나드는 고양이들의 특이한 행동에 관해서는 신빙성 있는 자료들이 많이 나와 있다. 괴팅겐 대학의 야생생물학과 사냥학회에서 실행된 '원격측정실험'은 내가 바바로사와 함께 살면서 밝히지 못했던 비밀을 알아내는 실마리를 제공해 주었다. 다른 수고양이와 마찬가지로 바바로사도 밤이 되면 어두운 밤하늘 아래에서 아주 먼 길을 배회한다. 고양이들은 이 한밤의 여로에 큰 열정을 가지고 있다. 해가 뜨고 질 때의 하늘은 마치 신비로운 마술처럼 그들을 사로잡고, 이 시간에 모든 고양이들은 집을 나와 배회한다.

방사능 원격측정실험에서 생물학자들은 다양한 지역의 수고양이와 암고양이에게 조그만 기계가 장착되어 있는 목걸이를 달아 주었다. 그래서 시간에 따른 그들의 위치를 방향탐지기로 찾아내고 기록할 수 있었는데, 이 고양이들이 놀라울 만큼 문명화되어 있는 것을 발견할 수 있었다. 그들은 배회할 때 편한 들판길이나 잘 포장된 길을 선택했으며 숲길이나 경작지는 피했다. 암고양이들이 축구장 면적의 20배 정도 되는 평평한 지대를 다니는 반면, 수고양이들의 활동 범위는 그보다 거의 25배나 넓었다.

"수고양이들은 자신의 산책로에서 가능한 많은 수의 고양이 친구들을 만나기를 바라기 때문이지요"라고 실험 감독이었던 카르스텐 후페(Karsten Hupe)는 말한다.

조류 보호가들은 집고양이들이 자유롭게 다니면서 꾀꼬리나 꿩또는 닭들의 생명을 위협한다고 말한다. 그러나 괴팅겐 대학의 연구를 통해 이 주장은 사실이 아닌 것으로 드러났다. 고양이들의 노획물은 쥐뿐이었다. 고양이 한 마리당 한 시간에 여섯 마리나 되는 쥐를 잡았던 것이다.

바바로사 또한 밤마다 부지런히 산책에 나섰고, 때론 죽은 쥐를집으로 가져와 조심스레 베란다나 계단 위에 올려놓곤 했다.

검은 고양이 틴타(Tinta)는 여덟 마리의 새끼 고양이 중 하나였다. 내 딸아이들은 새끼 고양이들을 장난감 차에 태우며 놀곤 했다. 처음에는 모든 새끼들을 다 키우고 싶었지만, 한 마리씩 주변사람들에게 나누어주었다.

빛나는 호랑이빛 털과 반짝이는 회색빛 눈을 가진 미나(Mina)는마법의 힘을 가진 훌륭한 존재로 자라났다. 마법사 같은 눈과 육감을 가진 한 마리의 어엿한 고양이로 말이다.

전설에 의하면 고양이들은 4천여 년 전에 어떤 낯선 세계로부터 우리에게로 왔다고 한다. 그 뒤로 인간은 그들에게 큰 애정을 가지고 조심스레 대했다. 고양이들은 몇백 년 전 유럽의 대대적인 마녀사냥으로 희생양이 되었던 똑똑한 여인들의 친구이기도 했다.

고대 이집트인들이 기제의 고원지대에 거대한 피라미드를 건설할 때, 그들은 고양이과의 맹수인 사자는 알았지만, 미나 같은 고양이의 존재는 아직 알지 못했다. 그로부터 2천여 년이 흐른 이후에, 파라오들이 민족을 이끌고 남쪽으로 이주할 때에야 비로소 북아프리카 누비아 지역에서 노르스름한 색을 띠고 있는 고양이를 발견했다. 고대 이집트인들은 고양이를 마치 사자의 축소판으로 여겼다. 그렇게 고양이는 개처럼 스스로 인간에게 다가온 것이 아니라, 그들의 의지와는 상관없이 인간에게 포획당해 말뚝에 묶여 인간세계와 쥐 사냥을 익혀야 했다. 그리고 나서야 고양이들은 자유를 얻을 수 있었다.

고양이들은 집안에서 살지만, 원할 때는 언제라도 문밖을 드나들 수 있다. 그들은 절대로 굴복하지 않는다. 메르쉔, 바바로사, 틴타와 그후 우리 집에 온 미나와 오델로(Othello) 모두가 그렇게 행동했다. 그들은 언제나 꼿꼿한 자존심을 잃지 않는다.

한번은 영화배우 쿠르트 위르겐스가 우리 집을 방문했다. 그는 안전거리에서 자신을 지켜보고 있는 고양이를 내심 두려워하는 것 같았다. 고양이는 가끔씩 다가와 그의 다리를 건드리면서도 정작 자신에게는 손을 댈 수 없게 몸을 움츠렸다. 위르겐스는 고양이를 좋아하지 않았다. 그는 자신의 발밑에 납작 엎드리며 명령에 복종하는 개를—그의 표현에 의하면— '변덕스럽고 자기도취에 빠진 고양이' 보다 더 사랑했다.

그러나 문명인이었던 고대 이집트인들이 높이 샀던 것은 바로 그런 고매한 고양이의 성격이었다. 그들은 전쟁의 여신 세크메트(Sakhmet)가 고양이를 보낸 것이라고 믿었다. 당시 그들은 여신의 지시 아래 또 다른 땅으로 이동 중이었다. 고양이는 사자처럼 품위가 있으며, 후한 인심을 쓰듯 자신을 쓰다듬을 수 있게 해준다. 인간에게 갑작스러운 공격을 가할 때에도, 가볍게 할퀴기만 할 뿐 목숨을 노리지는 않는다. 세크메트는 그들에게 사원의 제사장들뿐만 아니라, 집에 남은 여인들을 보호할 수 있는 동물을 선사했던 것이다. 모든 이들에게 경외의 대상이던 여신 세크메트는 고양이의 형상을 한 채 모든 가정에서 존경과 사랑과 경탄을 한몸에 받았던 것이다. 그 당시 고양이는 단지 한 가지 소리만을 냈기 때문에 그 소리대로 '야옹이' 라고 불렸다.

제사장들은 이 동물이 여신에게서 온 것이라는 새롭고 놀라운 증거들을 계속해서 발견해 냈다. 고양이의 눈은 해가 높이 뜨고 커질수록 더 가늘어지지만, 밤이 되어 불타는 태양이 서쪽 하늘 수평선 아래로 사라지고 나면 스스로 태양이 되고, 털은 빛을 반사한다. 고양이는 깜깜한 어둠 속에서도 빛을 발하는데, 밤은 바로 세크메트의 나라인 것이다.

　나는 인간의 집에서 통조림 먹이를 먹으며 근근이 생계를 이어가는 5백만 마리의 모든 독일 고양이들이 자신들의 몸에 신의 피가 흐르고 있다는, 성스러운 출생의 비밀을 알아야 한다고 생각한다. 하지만 적어도 우리 집 고양이 미나는 그 비밀을 이미 앓고 있었던 것이 분명하다. 미나의 품위 있는 자세나 행동들을 보면 알 수 있다. 미나는 매일 밤 어둠 속으로 사라질 때, 정원으로 향하는 현관문을 누구보다도 우아하게 연다. 가끔씩 개를 데리고 숲속을 산책할 때면 미나도 우리 곁에 바짝 다가와 매우 폼나는 자세로 걷는데, 그것은 정말 특이한 걸음걸이였다. 그러다가 어느 정도 시간이 지나면 풀숲으로 사라져 하루 종일 돌아오지 않은 적도 종종 있었다.

　비가 오거나 추울 때면 미나는 집에 있는 것을 더 좋아했는데, 그것도 자신의 고귀한 조상과 비슷한 점이다. 고대 이집트의 석주 비문을 통해 고양이들이 아궁이에 누워 있는 그림을 볼 수 있다. 그곳은 오두막집에서 가장 두꺼운 벽을 가진 곳이며, 가장 오랫동안 온기가 남아 있는 아늑한 곳이기도 하다. 무서운 파괴의 여신 세크메트가 고양이 안에서 평화롭고, 느긋하며 상냥한 모습으로 변한 것이다.

　기원전 500년 경, 세크메트의 제사장들은 이미 오래전에 이루어졌어야 할 결론을 내렸다. 그것은 다름 아닌 세크메트 동상 위에서 있는 무서운 사자의 머리를 부드러운 고양이 머리로 바꾸어놓는 것이었다. 그리하여 집의 수호신인 동시에 여인들과 아이들의 수호신인 바스테트(Bastet)라는 새로운 여신이 탄생했다.

바스테트는 곧 이집트 여인들의 마음을 사로잡았다. '고양이 얼굴' 문화는 이집트 전역에 널리 퍼졌고, 이 신성한 동물은 가정을 수호하고 아이들의 양육을 담당할 뿐만 아니라, 영원한 사랑의 장난을 상징하기도 했다. 주인이 아무리 유혹을 해도 고양이는 몇 시간 동안 냉담한 모습을 보인다. 그러다가 마음이 내키면 갑자기 기분 좋게 가르랑거리며 머리로 툭툭 치기도 하고, 때론 털이 뽀송뽀송 난 앞발로 상대를 건드려보기도 한다. 섹시하게 기지개를 펴기도 하고 키스를 하는 듯하다가도 발톱을 세워 주인의 얼굴에 작은 생채기를 내기도 한다. 언제나 냉담한 듯 천천히 몸을 움직이며, 작은 부드러움의 여운을 남긴다.

아마도 고양이의 이런 전술 때문에 수많은 여인들이 고양이를 사랑하지 않을 수 없게 된 건 아닐까.

인류사를 거슬러 올라가면 개나 말보다 고양이에 관한 멋진 이야기가 훨씬 더 많은 것을 알 수 있다. 무엇보다 고양이의 영리함과 자유와 독립을 향한 의지, 또한 그들의 외교적 태도, 즉 누구의 호의도 저버리지 않는 그런 기교를 칭송하고 높이 기리는 찬가들이 많다. 몇백 킬로미터 이상 떨어진 곳에서도 온갖 역경을 딛고 집으로 돌아오는 길을 찾아내는 고양이의 신비한 능력에 대한 경탄의 노래를 포함해서 말이다.

오래전부터 고양이는 인간사회에서 특별한 위치를 차지했다. 그들은 인간의 음식을 미리 맛보는 감별사 역할을 하기도 했는데, 고양이가 음식에서 고개를 돌리면 사람들은 그 안에 독이 들어 있다고 추측했을 정도이다. 물론 그 덕분에 목숨을 구한 사람들도 있지만, 때로는 억울한 누명을 쓴 사람들도 있었을 것이다. 왜냐하면 고양이는 인간이 먹어도 아무런 해가 되지 않는 음식을 내키지 않는다고 거부하기도 하니까 말이다.

특히 고양이가 끝없는 칭송을 받기에 충분한 이유는 바로 쥐 사냥을 잘하기 때문이다. 쥐는 수확물을 갉아먹어 식량 부족을 불러올 뿐만 아니라 전염병을 확산시키며, 인간의 생활에 해를 끼치는 동물이다. 그러나 우리는 고양이가 우리 삶에 주는 실제적인 도움보다도 그 지혜와 비밀을 간직한 신비스러움을 더 높이산다.

예언가 모하메드(Mohammed)는 자신의 팔에서 잠든 고양이를 깨우지 않기 위해 외투의 소매를 잘라냈다. 프랑스의 황제 루이 15세의 부인, 마리 여왕은 모든 고양이들에게 완전한 자유를 허용했고, 고양이를 잘못 다룬 사람에겐 벌을 내렸다. 쥐를 잡아주는 유익한 동물이라기보다 고양이가 존경과 보살핌을 받기에 충분한 하나의 생물체라고 생각했기 때문이다. 생명을 가진 동물을 인간보다 하등한 미물로 여기지 않고 동등하게 배려했던 역사 속 인물들에게 우리는 많은 것을 배워야 할 것이다.

고양이를 좋아하는 사람은 가끔 고양이가 무엇인가를 골똘히 쳐다보는 것을, 머리를 돌리고 눈을 반짝이며 사람의 눈에는 보이지 않는 어떤 것을 쫓는 모습을 보았을 것이다. 고양이는 우리 눈에 보이지 않는 것을 볼 수 있는 것일까? 고양이에게는 인간에게 보이지 않는 새로운 차원을 감지할 수 있는 감각이 있단 말인가?

초감각적인 고양이의 지각에 관한 여러 이야기들이 있지만 여기서는 고질라(Godzilla)에 대해서만 이야기하겠다. 고질라는 자신이 사는 집의 아들 데이비드가 전화를 걸어오기 몇 분 전에 이미 전화기 앞에 서 있다. 옥스퍼드에 사는 데이비드가 언제, 어디서 부모님께 전화를 하든지 고질라는 항상 전화벨이 울리기 전에 미리 아는 것 같았다.

우리 고양이 미나는 때때로 눈을 크게 뜨고, 자신만의 독특한 방식으로 눈에 보이지 않는 그 어떤 것이 집 안을 돌아다니고, 자기에게 다가오고, 심지어는 계단을 내려오기도 하는 듯이 그것을 쫓는다. 때로는 누군가로부터 귀여움을 받고 털이 쓰다듬어지고 있는 듯한 모습을 보이기도 한다.

이 책을 통해서 메르쉔, 바바로사, 오델로, 틴타와 미나에게 조그만 감사의 표시를 하고 싶다.

나는 이 고양이들의 마음 한구석 어딘가에 나를 향한 마음이 남아 있을 거라는 추측을 해본다. 언젠가부터 그들은 모두 언덕 위의 집을 떠나 돌아오지 않았다. 나쁜 일들이 생겨 어쩔 수 없이 집으로 돌아오지 못했을 것이라고 믿는다. 미나가 너무 오랫동안 돌아오지 않아 불안해진 딸 율리아는 보비의 긴 털에 얼굴을 파묻고 울었다. 그러자 보비는 율리아를 위로했고, 덕분에 차츰 율리아는 기운을 차리는 것 같았다. 보비가 율리아에게 집을 나간 고양이들은 마음껏 자유를 누리고 원래의 모습대로 고상하게 살 것이라고 속삭인 것은 아닐까?

이 세상에 대한 마지막 비밀까지 밝혀지는 순간이 오면, 우리 이웃과 동물들의 모든 행동, 그들의 숨겨진 지혜와 가끔씩 우리를 당황하게 만드는 능력이 세상에 더 많이 알려지게 될 것이다. 그들은 애정 어린 관심을 보이는 사람들 모두에게 열린 진실을 보여줄 것이다.

고양이와 자아실현

R은 말했다. "나는 나 자신이고 싶습니다. 자아실현을 위해서는 행동이 중요한 게 아니라, 존재 그 자체가 중요합니다. 나는 내 자신이고 싶습니다."

"당신은 그것을 어떻게 이루시겠습니까?" 고양이가 물었다.

"명상과 참선을 시작할 것입니다. 그리고 완전히 내 자신 그대로 일 수 있는 수도원에 들어가겠어요."

고양이는 잠시 침묵하더니 말했다. "나는 내 자신, 있는 그대로의 나입니다. 하지만 그것은 노력한다고 얻어지는 게 아닙니다. 내가 내 자신일 수 없다면, 다른 무엇이 될 수 있을지 모르겠습니다. 바로 이곳에 있는 것 자체가 나입니다. 언젠가 더 이상 내가 아니게 되면, 그것은 내가 나를 잃어버리고 나 자신을 더 이상 느낄 수 없기 때문입니다. 당신 자신일 수 있기 위해서는 당신을 더욱더 많이 느껴야 합니다."

— 『고양이와 자아실현』, 레모 베르나스코니(Remo Bernasconi).

5장
날아다니고 기어다니는 모든 생명체들

중요한 것은, 한 생명체가 동물이냐 사람이냐가 아니라
아픔을 느낄 수 있는지 없는지이다.
피터 싱어(Peter Singer)

딱정벌레와 나비, 잠자리를 위한 생과 사의 교향곡, 말벌과 거미 등 곤충들의 명예회복에 관한 이야기

마고 카우츠가 바라던 평생의 소원이 이루어졌다. 정년퇴직한 그녀는 남편 오토와 함께 시끄러운 대도시를 떠나 낭만적인 전원으로 이사했다. 그로부터 몇 년 동안 그들은 깊은 숲속의 낡은 오두막집에 살고 있다. 그곳은 살충제로 인해 쫓겨다닐 수밖에 없는 '날아다니고 기어다니는' 모든 조그만 생물들의 낙원이다.

잠자리들이 작은 연못에서 날아오른다. 번개같이 빠른 그들의 비행과 암수 한 쌍의 멋진 춤동작을 관찰하면 놀라지 않을 수 없

다. 짝짓기를 하는 암컷과 수컷은 멋진 합체를 이루고 흥분에 도취되어 함께 하늘을 날아오른다.

공작나비는 반짝이며 움직이는 구름 떼처럼 초원을 여기저기 날아다닌다.

유혈목이과의 뱀 한 마리가 따스한 바위 위에서 느긋하게 기지개를 켠다. 이 뱀은 다 자란 암컷으로 정원의 모든 유혈목이과 뱀들의 어미이다.

시골의 밤에 혹독한 추위가 몰아닥치면, 개미와 딱따구리는 낡은 헛간에 보금자리를 튼다. 이웃집에는 벌집이 걸려 있다. 그 안에서 알을 밴 여왕벌은 어서 빨리 봄이 오기를 기다리고 있고, 벌집에는 알에서 깬 애벌레들이 먹을 수 있는 꿀이 가득 담겨 있다.

마고 카우츠는 큰 곤충들을 주의 깊게 관찰하고 보살핀다. 그들은 인간세계에서 추방을 당했거나, 그들에게 맞는 집을 지을 자리가 터무니없이 부족해 그 수가 점점 줄어들어, 이제는 보호대상 동물 목록에 오를 정도이다. 사실 그들은 식물을 갉아먹는 해충을 주먹이로 삼기 때문에 인간에게는 특히 유익한 동물이다. 그들은 비행하면서 입으로 해충을 잡아 먹기 좋게 씹어서 애벌레들에게 먹인다.

이렇게 마고와 오토는 자연과 함께 환경 친화적인 곳에서 살아간다. 그곳은 서로가 서로를 존중하며 말없는 커뮤니케이션이 이루어지는 곳이다. 그곳에서 동식물들은 번식하며 자신들의 다채

로움으로 숲속의 초원을 작은 에덴동산으로 만들어 마고와 오토
에게 감사의 마음을 전한다.

인간은 우주의 신비를 벗기기 위해 우주 여행을 준비하고 있다.
이것은 그 자체로 좋은 일이다. 인간은 그 옛날 어둠의 시절, 아득
한 조상이 나무 위의 생활을 청산하고 내려온 이후, 계속해서 새로
운 한계점을 극복하고 있기 때문이다. 그러나 수없이 많은 태양과
위성, 은하수를 거느린 거대한 우주뿐만 아니라, 지구의 정원과 들
판과 숲속의 작은 '마이크로코스모스'의 세계에 대해서도 잊지 말
도록 하자.

생물학자이자 영화감독인 클로드 누리드사니(Claude Nuridsany)
와 마리 페레누(Marie Pérennou)는 프랑스 남부 지방에 있는 그들
집 주변의 라일락, 아카시아, 쥐오줌풀, 라벤더와 샐비어가 가득한
초원에서 이 작고 신기한 세계의 아름다움에 몰입하게 되었다. 그
세계는 거품처럼 부풀어오른 병범한 인간의 시야에는 보이지 않
는 세계이다. 그들은 3년 동안 특수카메라로 이 작은 세계와 '초원
의 주인'을 찍기 위해 덤불 속에 거의 누워 지내다시피 하였다. 카
메라에 달린 커다란 렌즈는 초원의 스타이자, 여섯 개의 발을 가진
키틴질의 절지동물들을 불과 몇 센티미터 앞에서 촬영했다. 바로
그 조그만 동물들이 주인공이 되어 부부 영화감독과 같은 눈높이
에서 만난 것이다. 수많은 상에 빛나는 그들의 영화 〈마이크로코스

모스(Microcosmos)》를 통해 그들은 마치 레이더 장치 같은 거대한 겹눈을 가진 파란 잠자리를 보여주었다. 잠자리는 그 눈을 통해 멀리 있는 먹이를 발견하고 날면서 먹이를 낚아챈다.

이 영화를 통해, 클로드와 마리는 우리와 아주 가까이 있으면서도 아주 먼, 우리의 세계와 평행선을 긋고 있는 또 다른 우주의 세계로 가는 작은 문을 부드럽게 연 것이었다.

딱정벌레, 개미, 잠자리와 나비들의 '소인국'에서는 강물에 떠내려가는 잎사귀가 배처럼 크고, 풀 한 포기도 마치 거대한 숲처럼 엄청난 것이다.

감독 마리 페레누는 다음과 같이 말했다. "곤충의 세계는 모두에게 열려 있습니다. 신비로운 이 세계에 보다 더 친숙하게 다가설 수 있는 아이들에게, 또는 시인이나 예술가에게 말입니다. 곤충들은 우리를 꿈의 세계로, 관찰의 세계로 초대하고 있습니다."

숲속의 풍뎅이 한 마리는 갑옷을 입고 진을 친다. 몸뚱이 전체가 하나의 살아 있는 요새인 풍뎅이가 어떻게 우리의 세계에 대해서 아무것도 모르는 무감각한 괴물이란 말인가? 풍뎅이는 과연 멍한 눈과 긴 촉수로 무엇을 보고 느끼는가?

"이에 대한 해답을 찾기 위해서는 우리 스스로가 어느 정도는 곤충이 되어야 합니다." 마리는 이렇게 털어놓았다. "그러나 똑바로 곧추선 우리의 멋진 자세를 포기하고, 마치 어린아이처럼 네 발로 풀숲 사이를 기어다니는 것은 정말 어려운 일이지요."

하나의 개별적인 존재로서 곤충은 무력하다. 사람들은 빈대, 모기와 풍뎅이들을 별로 좋아하지 않는다. 살충제 DDT로 수백만 마리의 곤충을 한꺼번에 몰살시키며 식물까지 오염시킨 어느 과학자는 이에 대한 공로로 노벨상을 받기도 하였다. 물론 이 약은 옷을 그대로 보존시키고, 음식을 상하게 하지 않으며 피부가 가려운 것도 방지한다. 그러나 이와 동시에 세계 곳곳에서 수없이 다양한 생명들이 살아 숨쉬는 아주 작은 세계를 파괴하고 있는 것이다. 당시의 수많은 곤충들의 종류와 생태를 모두 파악하고 수집하거나 표본화하지도 못한 상태인데 말이다.

곤충들은 애완동물이 아니다. 대부분의 인간은 그들을 불쾌하게 여기고 별로 좋아하지 않는다. 그러나 곤충들 역시 생명을 가지고 지구에 태어난 우리의 이웃 생명체인 것이다. 이미 몇백 전부터 학자와 예술가, 철학자들은 벌과 개미에게 큰 관심을 보였다. 그들은 무엇과도 내체할 수 없는 환경지표기 될 뿐만 아니라—벌과 개미들이 뿌리내리고 사는 곳은 자연 환경이 아직 죽지 않았다는 것을 의미한다—그들이 보여주는 사회적 체계와 완벽한 공동체 건설 등은 실로 놀라운 것으로, 우리가 분명 배워야 할 것들이 많이 있다.

그렇다면 빈대, 벼룩, 벌, 거미 등 모든 종류의 날고 기어다니는 동물들과 평화로운 협력 관계를 이룰 수 있는 방법은 없는 것일까?

그들에 대해 많이 알면 알수록, 우리는 어떤 곤충들은 다른 동물보다 우리와 더 가까운 존재라는 것을 알고 놀랄 수밖에 없을 것이다. 편견없이 그들을 우리의 이웃으로 받아들이면, 얼마 안 있어 그들도 우리를 받아들이고 더 이상 괴롭히지 않는다는 것을 확인할 수 있을 것이다.

사랑과 화합의 끈으로 인간과 지구상의 모든 생물체 사이를 엮는 데에 성공한다면, 우리는 이런 모든 이웃들의 지능과 의식, 영혼과 정신에 관한 질문을 새롭게 정립해야 할 필요를 느끼게 될 것이다. 또한 오래전부터 풀리지 않은 철학적 수수께끼에 마주치게 될 것이다. 이 책에서도 풀지 못할 그 수수께끼는 '의식이란 과연 무엇일까?' 라는 질문이다. 물리학적인 우주에서 정신과 영혼 같은, 눈에 보이지도 않고 손으로 잡을 수도 없는 것들의 존재가 도대체 어떻게 가능한 것일까? 지적 능력이라는 것은 오로지 인간만의 특징인가?

예를 들어 거미는 거미줄을 치는 방법을 어디서 배운 것일까? 지금까지 우리는 그들이 천성적으로 거미줄을 치기 위한 특정한 본능을 가지고 있다고 생각해왔다.

그러나 파라웍시아 비스트리아타(Parawixia bistriata)라는 종류의 거미는 우리의 생각이 틀렸음을 증명하고 있다. 브라질의 열대초원 지역인 사바나에 사는 이 거미는 보통 비교적 작고 촘촘한 거미줄을 짠다. 그러나 9월이 되어 몸집이 큰 흰개미가 몰려오기 시작하면, 구조를 바꿔 크고 구멍이 성긴 거미줄을 만든다. 즉, 그 거미는 이미 정해진 확고한 프로그램을 따르는 것이 아니라, 자신의 목표가 되는 먹이에 따라 때마다 다르게 반응하고 있었다.

"우리와 다른 세계에서 우리를 바라보는 곤충의 눈은 하나의 요술 거울과 같아서, 우리는 그것을 통해 자기 존재의 특별한 점을 발견할 수 있습니다"라고 영화 〈마이크로코스모스〉의 제작자들은 입을 모은다.

이 작은 생물체들 중 과연 어떤 것이 우주에서 지구로 건너온 것일까? 동물을 연구하는 생물학자들에게 이런 의심이 들기 시작했다. 영리하게도 이 동물은 지금까지 자신의 존재를 비밀에 부쳐야 한다는 것을 알고 있었던 것이다. 그것이 아니라면, 당신이 언젠가 완보동물(緩步動物, tardigrade; 무척추동물로 진화적으로 환형동물과 절지동물 사이에 위치할 것으로 보고 있다 – 역주)을 본 적이 있다고 확실하게 주장할 수 있을까? 벌레나 진드기에서 파생된 수천 마리의 그들은 지붕 위나 벽 등에서 뛰며, 웅덩이나 호수에서 헤엄을 치고, 해변의 모래알 사이를 헤집고 다닌다. 현미경으로 보면 그들은 마치 텔레비전 광고에 나옴 직한 귀여운 곰돌이 모양의 젤리처럼 보인다. 그 모습에 우리가 속아서는 안 된다. 그 젤리는 작은 난쟁이 갈퀴손을 가진 도적 떼들로, 윤형동물(輪形動物, rotifer; 나선형이거나 납작하거나 자루 또는 벌레같이 생겼으며, 길이는 0.1~0.5mm 정도의 미세한 무척추동물 – 역주)들을 마구 잡아먹고 심지어는 후식으로 아메바를 먹기도 한다.

동물학적으로 학자들은 그들을 완보동물이라고 부른다. 그들은 거미, 갑각류와 곤충들의 친척들로, 지구상에서 가장 오래된 존재로 기록되어 있다. 완보동물은 깊은 바다 밑바닥에도, 히말라야 산맥의 가장 높은 봉우리에도, 사하라의 뜨거운 모래밭과 남극지대의 영원히 녹지 않을 듯한 빙하 속에서도 살고 있다. 또한, 영하 200도의 습한 공기나, 극도로 건조해 습기가 0퍼센트인 실험실에서도 몇 년 동안이나 살아남는다. 완보동물들은 인간에게 치명적인 강도보다도 몇천 배 더 강한 X선 촬영에도 끄떡없다. 심지어 우주공간 같은 조건에서도 자유롭게 움직인다. 이런 특별한 능력 때문에 완보동물은 이상적인 우주비행사들이다. 그들은 깊은 잠에 빠진 채, 두 별간의 끝없이 먼 거리를 이동하고 나서도 이전보다 더 활발하게 다시 움직일 수 있다. 학자들은 이런 특성들 때문에 이 난쟁이들이 언젠가 지구로 떨어진 운석에 묻어서 온 것이 아닐까 하는 생각을 하기도 한다. 이제 오래전부터 내려온 하나의 가설을 증명할 시기가 왔다. 바로 외계인이 우리 곁에 있다!

완보동물이 완벽하게 자신의 모습을 숨기는 동안, 지금까지는 우리를 잘 따르는 단지 두 종류의 집 곤충만이 우리의 사랑을 얻을 수 있었다. 그것은 바로 딱정벌레와 귀뚜라미이다. 딱정벌레는 우연히, 귀뚜라미는 자주 찾아오는 손님으로서 사람들에게 거의 종교적이기까지 한 찬사와 숭배의 대상이 되었다. 딱정벌레를 일부러 죽일 사람은 아마 이 세상에 없을 것이다. 왜냐하면 딱정벌레는 성모 마리아가 가장 사랑하는 동물이자, 그녀의 말을 우리에게 전달해 주는 동물로 여겨졌기 때문이다. 이에 브르타뉴 지역의 사람들은 딱정벌레를 '신의 작은 나비' 라고, 폴란드인들은 '성모 마리아의 천사' 라고 부르기도 한다.

갑각류 동물이 사람들에게서 얼마나 큰 사랑을 받고 있는지는 캠브리지 대학에서 실시한 연구에서 드러났다. 풍뎅이를 좋아하는 3만여 명의 영국인들이 어린아이에서부터 은퇴한 사람들까지 나이에 상관없이, 곤충학자들의 자료 수집을 도운 적이 있다. 영국 사람들은 집의 정원, 초원과 공원 등에서 10년 동안 자신들의 관찰 결과를 연구협회에 보냈다. 이 실험을 통해 이미 50여 년 전에 멸종한 것으로 여겨지던 오점박이 딱정벌레가 다시 발견되었다. 또한 탐욕적인 풍뎅이들이 같은 풍뎅이들을 어떻게 먹어 치우는지도 밝혀졌다. 이런 쓰라린 피의 의식에도 불구하고 세계적으로 5천 2백 종이나 되는 딱정벌레는 사람들의 관심을 받아왔다. 딱정벌레 한 마리가 하루에 진딧물 1백 마리를 잡아먹기 때문이다. 그래서 많은 나라들이 해충의 번식을 막기 위해 딱정벌레를 수입하기도 한다.

많은 사람들이 딱정벌레를 사랑하고 따스하게 보살폈으며 그들을 예찬하는 시를 짓기도 했다. 스페인 사람들은 실수로라도 딱정벌레를 죽인 자는 성모 마리아로부터 9일 동안 원망을 받는다는 전설을 믿는다. 또, 전해 오는 이야기에 의하면, 딱정벌레가 손바닥에서 머무는 몇 초간의 시간을 세어보는 것으로 결혼 날짜를 알 수 있다고 한다. 어린 소녀들은 이렇게 자신의 결혼일을 점치곤 한다.

당신의 나이가 많다면 딱정벌레가 날아가는 방향을 표시해 두기 바란다. 딱정벌레는 당신이 죽게 되는 장소를 알기 때문이다.

딱정벌레가 아름답고 빛나는 존재라면, 못생기고 칙칙한 색깔 때문에 잘 보이지도 않는 귀뚜라미가 많은 사랑을 받고 있는 이유는 무엇일까. 귀뚜라미는 우리의 비밀을 많이 알고 있으며, 죽은 자들의 세계에서 소식을 전하러 온 동물이다. 그래서 아마도 우리의 선조들은 '귀를 뚫어' 이 곤충의 말을 잘 들으라고 그런 이름을 지어준 것 같다. 귀뚜라미는 조상들의 영혼일 것이다. 그들은 어두운 부엌 귀퉁이에서 집안에 일어나고 있는 모든 일을 지켜보고 있다. 그들은 무엇이 옳고 그른지 알고 있으며, 후손들에게 꿈속에서 조언을 속삭이는 집안 식구라고 할 수 있다. 귀뚜라미는 자신의 말을 듣지 않고, 자신들을 잡아 괴롭히는 자에게는 벌로 그들의 뇌 속으로 기어 들어간다. 끊임없이 "귀뚤귀뚤" 울어대면서……

곤충들에 대한 이야기는 수도 없이 많다. 사람이 사는 집에 바퀴벌레가 바스락 소리를 내며 기어다니고, 구더기가 들끓으며 빈대가 사람을 물어대던 시절에 우리 조상들은 악마나 귀신이 이 동물

옷을 두른 영원의 존재, 4백 살 된 갈라파고스의 거북이.

스트레일리아 사막의 생물 : 붉은 관모를 두른 앵무새 카카두들의 전망대가 된 유칼립투스 나무.

두려움을 떨쳐버리고 : 4미터 길이의 아마존의 아나콘다 뱀과 함께.
"이 뱀은 편안하고 따뜻한 느낌에 축축하지도 않았습니다. 뱀은 촬영 시작 바로 전에 아침식사를 했지요."

고양이의 삶 : 1970년대를 저자와 함께
보낸 고양이 틴타.

독일과 칠레의 국경 마을 푸루틸라의 리앙과이네 호숫가에서 새끼 고양이와 함께한 저자.

촬영 전 서로 친해지
기 위해 노력 중인
코끼리 밀리와 저자.

들과 연계되어 사람들을 괴롭히는 것이라고 확신하였다. 성경의 요한복음을 쓴 예수의 제자 요한은 자신을 괴롭히는 빈대에게 다음과 같이 명령했다. "내가 너희에게 말하노니 빈대여, 부디 현명하게 내가 자는 이 집을 조용히 떠날지어다. 신의 종인 나를 평화롭게 놓아두어라!"라고 요한이 외치자 빈대는 곧 그의 말을 따랐다. 현명한 요한이 광포한 방법을 쓰지 않고, 빈대와 파리 그리고 쥐와 같은 종족들을 우리의 이웃으로 인정했기 때문에 더 이상 그들에게 괴롭힘을 당하지 않았던 것일까? 마고 카우츠는 숲속의 그녀 집에서 벌들에게 쏘인 적은 단 한 번도 없었다고 한다. 아마도 그녀가 추운 겨울날 벌들에게 따뜻한 오두막집을 제공했기 때문은 아닐까?

동물학자 페넬로페 스미스(Penelope Smith)는 명상 중에 겪은 신기한 체험을 이야기했다. 그녀가 조용히 풀밭에 앉아서 명상을 하는데, 파리 한 마리가 그녀의 손등에 앉더니 도망갈 생각을 하지 않았다. 마치 인간이라는 존재와 대화를 나누고 싶어하는 것 같았다. "나는 그 파리에 얼굴을 대고 말했지요. 나를 계속 간질이면, 나도 너를 만지겠다고요." 파리는 사람이 자신에게 이야기를 하는 것에 무척이나 놀라면서 그녀가 손가락으로 자신의 등을 조심스럽게 만지는 것을 허락했다. 날아가다가 곧 다시 돌아와서는 마치 자신을 쓰다듬어주기를 바라고, 그것을 즐기는 것만 같았다. 페넬로페는 "파리의 솜털같이 부드러운 등을 만질 때, 나도 기분이 좋았어요"라고 말했다.

　곤충은 몇 가지 매우 놀랄 만한 능력을 가지고 있다. 동물에게 의식이 있다고 주장하는 사람들이 있다. 그들은 곤충에게도 의식적인 사고능력이 있다고 주저하지 않고 말한다. 예를 들어, 벌들은 서로 정보를 나누기 위해서 지금까지 복잡한 언어를 발전시켜왔다고 한다. 한 마리의 일벌은 꼬리춤으로 동료들에게 몇백 미터 남동쪽에서 꽃이 활짝 핀 장미넝쿨을 발견했다는 것을 정확하게 전할 수 있다.

　우리의 이웃인 동식물에 대해 배우는 것은 삶의 근본적인 지혜를 배우는 길이다. 여왕벌의 긴 수명에 대한 비밀도 그러한 삶의 지혜이다. 일은 다른 벌에게 맡기고 자신은 휴식을 취해 생명을 연장하는 것이다.

　로잔 대학의 학자들은 개미, 흰개미와 벌 등 사회생활을 하는 곤충들을 연구, 알을 낳는 여왕 곤충이 일을 담당하는 곤충들보다 100배 정도 더 오래 사는 이유에 대해서 분석했다. 활동적인 일꾼들은 기껏해야 한 달 혹은 두 달 정도 사는 데 반하여, 여왕 곤충은 10년에서 30년까지의 긴 수명을 유지한다. 아마도 종족 번식을 위한, 소위 성적 개체인 여왕 곤충은 그들 세계에서도 보호의 대상이 되는 존재이기 때문일 것이다. 외부의 적으로부터 보호받고 동료들에게 보살핌을 받은 여왕 곤충은 진화를 거듭하면서 점점 더 오래 살게 되었고, 매일 몇백 개 혹은 몇천 개의 알을 낳을 수 있는 것이다.

프랑스의 최고 고령자였던 아를레 지방의 장 칼멩 할머니는 프랑스 국민들의 애도 속에 1997년 유명을 달리했다. 유복한 부모 아래에서 태어난 그녀는 매일 신선한 과일과 채소를 먹고, 0.25리터의 와인을 마실 수 있었다. 일할 필요가 없었고, 그대신 뜨개질과 자수를 배웠다. 그녀의 장수 비결은 다름 아닌 여왕벌의 편안한 삶과 비견할 만한 생활 덕분이었던 것이다.

몇 년 전에 나는 루도비가와 카이라는 이상한 두 사람을 만난 적이 있다. 그들은 우연히도 같은 경험을 했는데, 그 경험은 소설처럼 너무도 특이한 것이었다. 그들은 통증 치료를 위한 카세트테이프를 제작했는데, 그 카세트테이프에 '고차원의 의식 단계'로 갈수 있도록 해주는 명상 음악을 담았다고 주장하였다. 정신 훈련이 잘 된 자신들은 고차원적인 의식의 단계에 도달할 수 있었다고 한다. 예를 들자면, 순간직으로 어떤 동물의 영혼 속으로 들어가 감정이입을 할 수 있다고 설명했다. 중앙아메리카 지역의 샤머니즘 추종자들이나 아프리카의 의술사들에게는 매일 행해지는 의식이 유럽인들에게는 하나의 이국적인 훈련이 될 수 있을 것이다. 벌처럼 생각하고, 느낄 수 있다는 그들의 고백을 듣고 어떤 반응이 나올지 누구나 상상할 수 있을 것이다.

"바로 그런 일이 지에게 일어났습니다." 카이가 이야기했다. "자전거를 타고 가는데, 벌 한 마리가 저를 앞지르는 것이었어요. 그 때 갑자기 제가 저 벌이라는 생각이 들었습니다. 그 벌이 보는 제 모습이 보였고, 예전엔 맡지 못했던 냄새를 맡을 수도 있었습니다. 하지만 저는 곧 다시 제 자신으로 돌아왔고, 벌이 제발 쏘지 말기를 바랐습니다. 그런 생각은 아예 하지 말았어야 했나 봅니다. 바로 그 생각이 벌을 자극해서, 저를 쏘고 말았던 것입니다. 저는 벌에게 곧 사과를 했고, 벌은 어디론가 날아가버렸습니다. 게다가 더욱더 이상한 것은 집으로 돌아와보니, 벌에 쏘인 상처는 언제 그랬냐는 듯 말끔히 사라져버린 것이었습니다."

카이는 마음속으로 알에서 애벌레를 거쳐 죽음에 이르기까지의 벌의 일생을 상상하면서, 자신을 그 벌과 하나가 되게 할 수 있었던 것이다.

"우리는 늦여름에 창을 열어놓고도 조용히 잠을 잘 수 있습니다. 머릿속으로 집과 밖 사이에 보이지 않는 벽을 칠 수 있기 때문입니다. 유리벽과 같은 벽은 곤충이 다가오면 그 모습을 반사시키지요"라고 카이는 설명한다.

그의 말에 의문을 품는 사람들이 있다면 그들과 함께한 나의 경험을 이야기하겠다.

뮌헨의 야외 호프집에서 나는 이 친구들과 함께 즐겁게 맥주를 마시고 있었다. 옆 테이블에 있던 사람들은 계속해서 윙윙거리며 음식을 향해 달려드는 벌들을 쫓고 있었다. 그러나 달려드는 벌들 때문에 그들은 쫓는 것조차 포기하고 말았다. 그런데 이상하게도 그 벌들은 우리 근처에는 모여들지 않았다.

"벌 친구들은 특별한 초대를 받아야만 우리에게로 다가올 수 있지요." 카이는 미소를 지으며 말했다. 그러자 곧이어 벌 한 마리가, 그 뒤로 차례차례 열 마리나 되는 벌들이 윙윙대며 맥주잔 주변으로 몰려드는 것이었다. 그것은 너무나도 놀라운 광경이었다.

"찾아와줘서 고마워." 루도비가는 나지막이 말했다. 벌들은 곧이어 차례대로 흥겨운 듯 춤을 추며 그 자리를 떠나갔다.

언젠가 칼 포퍼(Karl Popper)가 "아메바와 아인슈타인, 그 둘의 차이는 무엇인가?"라는 질문을 제기했다. 그는 정보를 지각하고 그것을 활용한다는 면에서 그 둘은 '단지 아주 약간의' 차이가 날 뿐이라고 했다. 칼 포퍼의 가정에 따르면, 우리가 선입견을 버리고 시각을 바꾸어 우주의 진실에 조금 더 가까이 다가갈 때, 비로소 지구상의 모든 생물체와 조화로운 삶을 이루게 될 것이라고 한다.

6장
작지만 무서운 쥐

피리 소리에 맞춰 춤을 추는 380마리의 쥐, 여덟 군데 대학의 인터넷 전용선을 연결한 흰색 알비노 쥐에 대한 이야기 "인간의 암흑기. 자신뿐만 아니라 지구를 전염병으로 물들인 쥐들은 이제 세계의 지배권을 손에 넣었다."

권터 그라스(Günter Grass)는 자신의 소설 『쥐』에서 이렇게 이야기하고 있다. 자기가 버린 쓰레기더미 속에서 타락해 가는 인류의 종말에 대한 암울한 시나리오, 처음부터 세상의 주인이었던 쥐들만이 살아남는 이야기인 이 소설은 작가의 나이 70세 고희(古稀)에 맞추어 영화화되었다.

미끈한 몸매에 길고 징그러운 꼬리를 가진 쥐는 거미나 전갈, 뱀과 함께 혐오의 대상이 되어왔다.

뾰족한 코, 반짝이는 동그란 눈에 빛나는 회갈색 털을 가진 쥐는 동화나 신화에 자주 등장하는 단골손님이다. 물론 과학실험에도 쥐들을 사용한다. 학자들은 생산 제품을 쥐에게 테스트하며 그들의 지능적인 행동까지도 지속적으로 연구하고 있다. 예를 들어, 종소리와 색깔, 기하학적인 형상 등을 이용해서 미로 속을 뛰어다니는 한 무리의 쥐를 계속해서 새로운 먹이접시 쪽으로 유인하는 실험이 있다. 많은 수의 쥐가 실험으로 인한 과도한 스트레스로 죽어가고 있다.

이렇게 모든 실험마다 쥐를 실험 대상으로 삼지만, 분명 쥐는 인간과 멀기만 한 존재가 아니다. 우리는 인간 대신 실험 대상이 되어주는 쥐에게 감사해야 한다. 쥐들 덕분에 인간은 스트레스와 우울증 등 각종 질병에 맞설 수 있는 약품과 기술을 개발하게 되었으니 말이다. 어느 생물체든 어린 시절에 필요한 것은 애정 어린 손길이다. 젖먹이 아기가 부모와 피부 접촉을 많이 할수록, 스트레스에 잘 대처한다는 사실이 한 캐나다 학자의 쥐 실험을 통해서 밝혀졌다. 어미에게서 육체적으로 많은 사랑을 받은 새끼 쥐는 스트레스에 대한 완벽한 방어 체계를 발전시킨다. 어미와 새끼의 접촉이 가장 중요한 시기는 생후 열흘 정도까지다. 인간으로 따진다면 갓 태어난 아기가 엄마에게서 떨어져 신생아실로 옮겨지는 시기와 같다.

캐나다 맥길 대학의 마이클 미니(Michael Meaney)와 그의 동료들은 많은 실험을 통해, 아드레날린 체계에 미치는 초기 육체 접촉의 효과가 일생 동안 지속된다는 사실을 밝혀냈다. 갓 태어나 애정 어린 보살핌을 받은 생물체는 나중에 커서 육체 접촉을 조금 받은 다른 생물체보다 신경체계의 마모현상이 덜 일어났던 것이다.

몇몇 동물학자들은 쥐의 삶에 '문화'라는 개념을 도입하려고도 한다. 쥐는 학습능력뿐만 아니라, 독이 든 미끼를 구별할 수 있는 분별력까지 가지고 있기 때문이다. 또한 자신들이 수집한 정보를 다음 세대에 전달할 수도 있다.

초고속 인터넷의 보급으로 전 세계가 하나로 연결된 네트워크 시대에 18센티미터 길이의 흰색 알비노 쥐 한 마리가 세상을 떠들썩하게 만들었다. 이 쥐는 캘리포니아에 있는 학교에 인터넷 전용선을 직접 연결한 장본인이다. 컴퓨터 카운슬링 회사를 경영하는 주디 리비스(Judy Reavis) 박사는 어느 연구소에서 학습능력이 뛰어난 쥐를 발견하고, 쥐의 몸에 실을 묶어 벽을 기어오르고 뛰어넘는 것을 가르쳤다. 훈련을 받은 쥐는 인터넷 선을 벽 뒤로 가져가 원하는 위치에 놓을 수 있었다.

리비스 박사가 쥐에게 이 기술을 가르치는 데 족히 1년이 걸렸다. 사탕을 좋아하는 쥐에게 잘할 때마다 사탕을 주어 효과를 높일 수 있었다. 처음에 리비스가 벽 통로를 따라 '똑똑' 소리를 내면 쥐는 이 소리를 따라 길을 찾았다. 이런 방법으로 그 쥐는 캘리포니아에 있는 여덟 군데 학교에 인터넷 선을 깔았다. 도중에 석면에 몸을 다치거나, 2층에서 떨어지는 등 여러 가지 위기가 있었지만 말이다. 학생들이 쥐의 능력에 감동해, 이 훈련을 따라하기도 했다.

그라스 소설의 영화에는 380마리의 쥐가 감독의 피리 소리에 맞춰 춤을 춘다. 비슷한 열 마리의 쥐가 말하는 주인공 쥐의 역할을 번갈아가면서 맡았다. 주인공 쥐와 화자와의 철학적인 대화 때문에, 이 쥐는 일약 스타가 되었다. 영화에 등장하는 모든 쥐들은 단독출연이든 아니든 연기에 따라 맛있는 먹이를 선물로 받거나 칭찬을 들었다. 쥐들은 영화제작을 함께 한 인간 동료들의 손과 머리와 목을 타고 돌아다니며 놀았다. 출연자들은 쥐들이 간지럼을 태우고 꼬리를 치면서 스웨터 속으로 숨는 것을 참아내야만 했다. 다른 쥐들은 영화촬영이 끝나면, 소리 없이 무리를 지어 영화의 배경인 초원을 떠나 자신들에게 익숙한 냄새가 나는 작고 안락한 우리 속으로 돌아갔다.

영화의 주제는 거듭되는 진화 속에서도 지혜롭게 살아남은 쥐들이 심지어 핵전쟁이 일어난 후까지도 살아남을 유일한 생물체가 된다는 것이다. 몇몇 동물학자들은 전갈에게도 이런 능력이 있지만, 교회에서 사는 쥐들이 특히 그럴 것이라고 본다. 교회 쥐들은 속담에 나오는 것처럼 결코 가난하지만은 않기 때문이다.

쥐들이 성스러운 교회에서 뛰어다니는 것이 사실일까? 교회란 보기에 좋고 깨끗해야 하는 곳인데, 청결하지 못한 동물들이 어떻게 그곳에 있을 수 있을까?

동물학자들은 교회에 사는 쥐들의 야간 행동을 관찰하기 위해서 적외선 카메라를 가지고 시칠리아 섬의 작은 마을 교회에 잠복했다. 어둠이 몰려오자 쥐들은 각각 쥐구멍에서 기어 나와 자신의 먹이 포획 영역을 지켰다. 쥐들마다 서로 다른 영역을 확보해 놓았기 때문에 다른 쥐의 방해가 되지는 않았다. 처음에 쥐들은 창문틀과 의자, 들보 아래의 거미줄을 마치 꿀을 먹는 듯 맛있게 씹어 먹고, 죽은 파리를 마치 덤으로 얻은 빵처럼 게걸스럽게 먹어치웠다. 그러고는 눈에 띄게 오랫동안 교회의 의자 아래에서 휴식을 취하는 것이었다. 이 다큐멘터리를 본 사람들은 다음과 같이 말했다. "쥐들은 먼지를 먹는다." 닳아빠진 옷감의 실과 사람들의 피부에서 떨어지는 미세한 먼지는 단백질이 풍부해서 무시할 수 없는 영양 공급원이다. 많은 사람들이 드나드는 한, 교회 쥐들은 계속해서 근사하고 풍성한 식사를 할 수 있을 것이다. 텅 빈 교회라고 해도 문제는 없다. 쥐들은 신선한 창문틀을 갉아먹는 것도 즐기기 때문이다. 그들은 문틀에 배어 있는 기름에서도 영양분을 얻을 수 있다.

"먹이가 될 만한 것들이 전혀 없는 교회에 사는 쥐들은 발명의 천재들입니다." 학술지 편찬자 비투스 드뢰셔(Vitus B. Dröscher)가 말한다. "우리는 쥐들을 불쌍히 여길 것이 아니라 주위 환경에 적응하는 능력에 놀라워해야 할 것입니다."

우리의 조상들은 전혀 다른 견해를 가지고 있었다. 그들은 쥐가 가진 우아함과 아름다움은 보지 못했고— 월트 디즈니의 미키 마우스의 눈에 띄게 귀여운 모습을 생각해 보라—그대신 쥐를 잡기 위한 기술적인 영향을 받았다. 우리는 고향에 있는 박물관에서 수많은 작은 쥐들이 마지막 숨을 내쉬었던 쥐덫이 진열되어 있는 것을 볼 수 있다.

쥐에 대한 인간의 투쟁은 가히 모험적이면서도 때론 종교적인 형식을 띠었다. 15세기 프랑스의 기독교회에서는 쥐에 대한 추방령이 내려지기도 했다.

반면에, 1520년 5월 3일 티롤 지방의 글룬스에서는 쥐에게 조금 너그러워진 재판관들이 있었다. 9개월에 걸친 괴문소송 이후에, 새판관들은 쥐들에게 14일 이내에 그곳을 떠나라고 요구한 것이 전부였다.

물론 깐깐한 재판관들은 사형을 내리기도 했다. 그들은 목을 매달거나, 단두대에서 머리를 베거나 또는 돌을 던져서 사형해야 한다고 말했다. 공개 재판장에 종이 울리고 사람들은 입을 벌리고 그 현장을 뚫어지게 쳐다보았다. 종교재판소에서도 쥐는 마녀를 은

밀하게 도와준다는 구실로 쥐들을 박해하였다. 한마디로 말해서 인간은 쥐를 마치 인간처럼 대했던 것이다.

쥐가 여우, 고양이, 독수리, 또한 몇백 년에 걸친 기독교의 박해에도 불구하고 오늘날까지 살아남았다는 사실은 그들의 놀라운 생존력을 말해 주고 있는 것이 아닐까? 뾰족뒤쥐, 집쥐, 들쥐에 관한 많은 연구가 이를 증명하듯이, 그들은 최고의 건강 상태를 기뻐하며 즐기고 있는 것이다.

스코틀랜드 경찰서에는 사막쥐 두 마리가 특정 직업을 갖고 있다. 지금까지 헤브리디스 제도 경찰서의 비밀문서는 종이 상자에 담겨 불에 태워져 폐기처분되었다. 그러나 상부 관청으로부터 이런 단순한 문서폐기 방법을 금지하라는 강한 명령이 떨어졌다.

토버모리에 있는 하부 관청에서는 재정상의 이유로 종이 분쇄기 구입을 거부하였다. 이에 말콤 맥구킨 경관은 이 문제를 간단한 방식으로 해결하였다. 그는 사막쥐 오토(Otto)와 슈레더(Shredder)를 구입했고, 그 쥐들은 모든 비밀문서를 갈기갈기 쏠아 찢는 일을 맡아 분쇄기를 대신해 폐기했다. 또 종이 조각들을 모아 안락한 둥지를 만들기도 했다. 이에 깊은 인상을 받은 경찰관 다니엘 아모르는 다음과 같이 말했다. "그 쥐들은 아주 효과적으로 종이를 갉아먹습니다. 그 쥐들은 반나절 동안에 서너 장의 종이를 잘게 찢습니다. 기특하게 일을 해내는 쥐들을 가까이에서 바라보는 것은 큰 즐거움이지요."

야생 쥐들은 거의 모든 동물들로부터 자신을 보호해야만 한다. 왜냐하면 쥐를 꺼리지 않는 동물은 별로 없기 때문이다. 심지어 거대한 코끼리마저 쥐를 두려워하니 말이다. 프랑스 동물학자 쿠비어(Cuvier)의 실험을 통해 파리의 동물원에서 열일곱 마리의 코끼리가 쥐 한 마리에 맞서 보인 행동으로 쥐를 꺼리는 코끼리의 행동이 증명되기 전까지, 사람들은 이를 믿지 않았다. 두꺼운 피부를 가진 코끼리들은 쥐를 보고 두려움에 떨었다.

그 당시 학자 린네(Linné) 역시 놀라워하며 코끼리들의 경악에 대해 설명했다. 쥐는 코끼리의 긴 코 속으로 들어가서 기도로 들어갈 수 있기 때문이다. 그러나 왜 거의 모든 여자들이 무고한 이 쥐를 보는 것만으로도 공포에 빠져 정신을 잃을 정도가 되는지에 대해서는 아직까지 밝혀지지 않고 있다.

한 쌍의 쥐 또한 신이 사랑했던 노아의 방주에 탔던 승객에 속했을 것이 분명하다. 그렇지 않다면 대홍수 이후, 오늘날까지 살아남지 못했을 테니 말이다.

아무튼 오늘날에 이르러 쥐는 우리 마음속에 찾아와 자리를 잡았다. 부드럽고 상냥하며, 귀엽고 예의 바른 미키 마우스의 모습으로.

생쥐보다 큰 친척인 라테쥐는 귄터 그라스의 영화에도 불구하고 무비스타가 되지는 못하였다. 예언가 모하메드는 쥐를 보고 이

렇게 말했다. "알라신은 천지를 창조하며 쥐들도 창조했다. 알라
신은 온 세계가 순탄하도록 언제나 보살피시므로, 우리는 쥐를 방
해하면 안 된다. 알라신이 쥐들과 함께, 쥐들을 잡아먹는 천적도
주시지 않았는가."

7장
새들의 비밀

새들은 필요한 모든 것을 몸에 지닌 채 끈기 있게 조금씩
알을 깨고 나온다. 모든 새는 몇천 년 동안 이어져 내려
온 태초의 계획에 따른다.
오웬 닐(Owen Neil)

**지빠귀와 대화를 나누는 사람, 야생 거위 떼
와 함께 하늘을 나는 사람들에 대한 이야기** 나의 황록앵무새
키키(Kiki)의 모습
속에 날개, 특히
하늘을 날 수 있는 선사시대의 새였던 폭력적인 공룡, 시조새
(Archaeopteryx)의 후손과 같은 모습이 남아 있다는 것을 인정하기
란 쉬운 일이 아니다. 하지만 뉴욕의 자연사 박물관의 루이스 치
아페는 우리 시대의 조류는 날 수 있는 현대의 공룡과 같다고 말
한다.

우리가 키우던 황록앵무새의 놀랍고 진기한 행동이 무엇이었을

까 회상해 보면, 기껏해야 유난히 큰 부리로 집에서 일어난 사건들을 아주 정확하지만 시끄럽게 떠들어대던 것이 떠오를 뿐이다. 그러나 한편으로 직접 새를 키우는 사람들은 새가 얼마나 주의 깊고 세심하게 주변 환경을 관찰하는지 알 수 있을 것이다. 화가이자 조각가인 보룹스베데의 라인하르트 브란다우는 몇 년 전 어느 야생 동물과의 만남에 대해 이야기했다. 그는 이 동물과 직접적인 대화의 가능성을 찾았다. 그는 이 가능성에 대해 '전혀 설명이 불가능한 일'이라고 덧붙이기도 했다. 그의 책 『어느 지빠귀의 일기』에서 부상당해 자신을 찾아온 어느 작은 새를 간호하고 보살펴준 일에 대해서 설명하고 있다. 시간이 지나 그와 어린 새는 서로에 대한 애정과 이해가 깊어졌다. 라인하르트는 앞으로 우리가 새를 이해할 수 있을 뿐만 아니라, 새 또한 인간을 이해할 수 있고, 대화를 원한다고 말한다. 그래서 그는 오랫동안 불가능하다고 여겼던, 새와 대화하는 기술을 배우기 시작했다.

"제가 이제까지 새들이 단지 본능과 적응, 반응으로만 짜여진 그저 살아 있는 생명을 가진 하나의 기계에 불과하다고 생각해왔던 것은 기존 생태학에 책임이 있습니다." 라인하르트는 새와 대화하는 방법을 연구하면서 고백했다.

사고의 전환을 위한 계기가 되었던 것은 그가 2년 동안 키운 뿔까마귀 메키(Mecki)였다. 까마귀는 이제까지 길들일 수 없는 동물로 간주되었다.

"같이 지내는 동안에 뿔까마귀는 새에 대한 제 생각을 통째로 뒤흔들어 놓았고, 저는 새라는 존재를 다시 생각하게 되었습니다. 그리고 못 보고 지나칠 정도로 작고 어린 지빠귀가 얼마나 멋진 생물체인지를 느끼고는 지빠귀에 관한 기록을 남겨야겠다고 결심했습니다." 이렇게 해서 새와 인간의 특별한 관계를 다룬 관찰기가 씌어졌다.

"지빠귀와의 대화가 철학적으로 아주 어려운 것은 아닙니다. 서로 오해 없는 확실한 대화죠"라고 라인하르트는 말했다. 둘은 먹이에 대해서 서로 이야기를 나누었다. 밀가루 벌레와 곤충의 애벌레 그리고 거미는 지빠귀가 가장 좋아하는 먹이다. 지빠귀는 어디로든 자신이 원하는 곳으로 날아갈 수 있는 자유로운 존재이다. 그러나 언제나 다시 라인하르트와 그의 애인 안드레아 곁으로 돌아왔다.

"그 새가 제게 처음으로 말을 걸었을 때의 느낌이란 정말 말로 표현할 수 없을 정도였습니다. 새 한 마리가 인간을 친구처럼 받아들인다는 것은 낯설고 상상을 뛰어넘는 비밀의 세계로 가는 문을 찾았다는 것을 의미합니다. 바로 그 세계에서 인간은 아주 오래전에, 마치 숙명처럼 추방되었던 것이지요."

라인하르트는 집과 정원을 예술가 친구들에게 어느 정도 개방하였다. 그중 한 명인 오케스트라 연주자 스파이크 휴즈는 언젠가 『타임』지의 독자투고란에서 다음과 같이 기고했다. "그의 집에 있는 모든 지빠귀들은 시간이 지나자 모차르트 심포니 G단조 제1악장의 멜로디를 따라 부를 수 있었다. 심지어 여느 지휘자들보다 훨씬 더 곡을 잘 해석했고 템포 또한 정확했다. 과장된 강조의 흔적도 전혀 찾아볼 수 없었다."

이 이야기는 어느 스타 지빠귀들에 관한 것으로, 그 새들이 새장 속에 갇혀 있었는지는 전해진 바 없다. 어딘가에 갇힌 인간은 고통 속에서 말을 잃는다. 그러나 갇힌 새는 더 크고 아름다운 목소리로 노래를 부른다. 그리움으로 노래하며, 그래서 더욱 오랜 시간 노래를 부른다. 자유롭게 사는 새는 1년에 10주 동안만 노래하는 데 비해, 새장 속의 새는 10개월 동안 노래한다. 새장 속에 갇힌 외로운 새는 이루어질 수 없는 사랑에 슬피 울며 인간들에게 그 부드러운 사랑의 노래를 가르쳐준다.

그러나 우리 모두 조금 더 솔직해져야 한다. 새장 속의 새는 슬픈 모습이다. 새장 속에 갇힌 새가 인간이 듣고 있다는 것을 알고 특별히 즐겁게 노래를 부른다는 말은 변명에 지나지 않는다.

언젠가 시골과는 다른 대도시 뉴욕의 숲에 사는 평범한 참새 한 마리와 만난 적이 있다. 센트럴 파크의 벤치에 앉아서 치즈빵을 먹는 중에 마주친 그 새는 뻔뻔한 태도와 영리함을 보여주었다. 그 참새는 철저히 "이 세상 모든 것은 모두를 위해 존재하는 공동의 소유물이다. 내가 소유할 수 있는 것은 나 자신뿐이다"라는 속담에 맞추어 행동하는 것 같았다. 아무리 깨끗한 대도시라 해도 통통

한 벌레들과 말똥들이 굴러다닌다. 그런 먹을거리들 중에서 빵과 치즈 조각은 참새들의 기쁨이다. 그 참새는 호기심 어린 모습으로 내 간식거리들을 쳐다보았다. 빵 부스러기가 계속해서 땅에 떨어지자 새는 조심스럽게 그것을 쪼아 먹었다. 금세 우리는 친해졌고, 나는 마지막 빵 조각을 참새에게 주기로 마음먹었다. 빵 조각을 잘게 부수어 땅바닥에 떨어뜨리는 것은 별로 좋지 않은 일인 것 같아 손바닥 위에 올려놓고 새에게 내밀었다. 참새는 주저하지 않았다. 귀여운 날갯짓으로 팔 위에 앉더니, 천천히 빵 쪽으로 다가가 조용히 먹기 시작했다.

참새는 빵을 다 먹고 나서도 잠시 재잘거리며 머물렀다. 그 새는 어린 새임이 분명했다. 왜냐하면 그런 종류의 동물들도 나이를 먹을수록, 점점 더 세상을 믿지 못하기 때문이다. 다 자란 참새는 모든 종류의 덫을 알아차리고, 먹이 상자에 담긴 먹이를 우선 다른 참새에게 먼저 맛보게 한다. 그리고 인간 주변에서 살기를 바라지만 결코 인간들을 믿거나 인간에게 길들여지지 않는다. 참새들은 냉담한 녀석들이다. 그렇기 때문에 센트럴 파크에서의 만남은 더욱더 특별한 것이었다.

유럽의 참새들은 개척자들과 함께 뉴질랜드나 오스트레일리아로 간 것과 마찬가지로 아메리카 대륙으로도 건너갔다. 개척자들은 먼 파라다이스로 떠날 굳은 각오가 서지 않았기 때문에 최소한 살아 있는 고향의 생물체와 함께 가고 싶어 했다.

참새의 두뇌는 지능과 성취능력이 짝을 이루어 구성되어 있다. 어쩌면 이런 참새의 영향으로 아메리카 개척자들이 1852년에 브룩클린의 한 묘지에서부터 4천 7백 킬로미터 떨어진 서부 해안가까지 육지를 넓히는 데, 단지 30년밖에 걸리지 않았던 것은 아닐까.

"참새는 그 크기를 볼 때, 모든 동물 중에서 가장 영리한 것이 틀림없다" 라고 노년의 브렘(Brehm)은 말한 바 있다. "마치 시골 마을의 사내 녀석들이 도시의 골목 아이들과 다른 것처럼, 도시의 참새들도 마을의 참새들과 다르다. 두 참새 모두 똑같이 영리하며 버릇이 없지만, 그들에게는 이미 태양 아래 새로운 것이 없을 정도로 모르는 것이 없다. 그런 동물이 이성을 가지고 있다는 것을 부인하는 자가 있다면, 그는 정말 눈이 먼 것임에 틀림없다."

회색빛이 도는 배드민턴 셔틀 콕과 비슷한 크기의 참새는 큰 부리를 가지고 있을 뿐만 아니라, 그 뒤에 많은 것을 숨기고 있다. 미로에서 빠져나오는 실험을 해보면 참새는 영리하다고 소문이 자자한 쥐나 원숭이와 똑같이 빠른 속도로 목표점을 찾아낸다. 심지어 며칠이 지나도 자신이 한겨울 동안 먹을 분량의 먹이를 발견했던 접시의 형태와 색을 제대로 구분할 수도 있다. 어미의 보살핌을 받으며 둥지에서 자랄 때부터 이미 자신의 목표를 관철시키는 법을 배우는 것이다.

그러나 이렇게 세상에서 가장 성공한 새가 힘을 잃었다. 직립동물인 인간이 작지만 지적인 참새의 삶을 힘들게 만들고 말았다. 시골의 큰 과일나무가 베어지고, 곡식 까는 기계인 콤바인의 도입으로 몇 알의 곡식도 쉽게 땅에 떨어지는 법이 없게 되었다. 게다가 먹을 수 있게 남은 것조차도 살충제에 찌들어 있다. 결국 참새 떼는 점점 줄어들고 말았다. 지구에서 가장 번성했던 새가 사라져가고 있는 것이다.

혼잡한 교통 속에서 참새는 시속 60킬로미터의 비행 속도로 새들 중에서 가장 많은 교통사고 사망 기록을 가지고 있기도 하다. 태어나서 1년을 살아남은 새는 더 오래 살 수 있다. 무엇보다 경험을 통해 곳곳에 분포된 고양이와 독이 든 음식물에 대해 더욱 조심하게 되기 때문이다. 참새가 우리 주위에서 점차 사라져가는 사실을 조류학계에서도 오랫동안 인지하지 못하고 있었다. 자연환경을 위협하는 인간들이 참새에게도 죽음의 경고를 보내고 있는 것이다. 마지막 새의 노랫소리가 멈추는 순간까지 알아차리지 못할지도 모른다.

"화가인 저에게 자연은 오랫동안 인간의 감정과 느낌이 아름답게 꾸며져 표현되는 거울 같은 것이었습니다." 지빠귀의 친구 라인하르트는 말했다. "자연은 바로 사랑하고 슬퍼하며 행복해하거나 괴로워하는 모든 생물체의 고향입니다."

지빠귀와 뿔까마귀 메키와의 만남을 통해 그는 살아 있는 세상의 본질을 보게 되었다. "저는 그 새들에게서 조건 없는 사랑과 충성, 경외심과 사회적인 행동이 진정 무엇인지 배울 수 있었습니다." 그는 자신의 경험을 다음과 같이 요약해서 말했다. "특히 까마귀는 아무런 편견 없이 영혼을 가진 하나의 생명체로 인간을 이해하고, 실제로 그렇게 대했습니다."

오스트리아의 엔지니어 롤란드 뮐러 또한 유년시절부터 까마귀들과 친밀한 관계를 가져왔다. 전설 속에서 불행의 상징으로 여겨지기도 했던 까마귀들은 자연 속에서 특별한 위치를 차지하고 있다. 50여 년이 넘게 그는 까마귀의 사고방식과 언어를 이해하려고 노력했으며, 그 연구 결과는 기대 이상이었다. 그는 까마귀 한 마리와 친구 사이가 될 수 있었던 것이다. 뮐러가 자유롭게 날고 있는 그 새에게 마음속으로 다시 돌아오라고 하면, 까마귀는 눈에 보이거나 귀로 들을 수 있는 어떤 신호가 없었음에도 불구하고 갑자기 나는 자세를 바꿔 바로 그에게 돌아왔다. 롤란드는 대부분의 동물이, 특히 까마귀가 인간이 생각하는 것보다 훨씬 더 지능적이라고 확신한다. 그의 곁에 있는 열려진 새장 속의 새들은, 언제나 자신이 원할 때 새장에서 나와 발코니에 앉아 있거나, 집을 떠나기도 하고 열려진 발코니 문을 통해 다시 돌아오기도 한다.

전원의 풍경 속에서 양떼를 몰고 이리저리 이동하는 목동들에게 까마귀들은 환영받지 못하는 존재들이다. 갑작스레 급강하하여 한가롭게 풀을 뜯고 있는 양떼들에게 달려들어 그들의 눈을 쪼아대고 그러고 나서 내장을 파먹기 때문이다.

이런 끔찍한 이야기들은 그다지 중요한 것은 아니다. 슈투트가르트 의회 환경부의 연구 결과를 통해 이런 '유혈 폭동'이 과장된 것이라고 밝혀졌기 때문이다. 결과에 따르면 까마귀들은 곧 죽게 될 힘이 빠진 동물들만 공격한다고 한다. 또한, 이미 죽은 채로 태어난 새끼 양이나 출생 직후 바로 죽은 동물들을 먹는 것뿐이다. 초원의 건강한 동물들에게 까마귀는 오히려 유용한 존재인 것이다.

이른 봄, 까마귀들은 말이나 양들의 등 위에서 총총 뛰면서 이리저리 쪼아댄다. 둥지를 짓기 위해서 너덜너덜해진 양의 겨울털을 얻어가거나 진드기를 잡아먹는 것이다.

현명하고 장난스런 까마귀들은 간혹 모스크바에서처럼 장난을 치기도 한다. 그곳에서는 새들이 얼음과 눈으로 뒤덮인 크렘린 궁전의 둥근 지붕 위에서 등을 대고 누워 하늘로 다리를 뻗은 채 미끄럼을 탄다. 미끄럼을 너무 열심히 탄 나머지, 지붕의 금장식이 긁히고 떨어질 정도라고 한다.

까마귀들은 좋지 못한 명성을 얻고 있다. 인간적인, 그러나 대부분의 인간에게는 부족한 덕성을 가지고 있기 때문이다. 즉, 그들은 천성적으로 강한 생활력이 있다. 너그러운 까마귀는 좋은 먹이 장소를 확보해서 미래의 배우자에게 감동을 준다. 책임감 있는 가장으로서의 성숙한 면모를 보이려는 것이다.

그런 행동을 보이는 까마귀를 부도덕하다고 말하는 이유는 무엇일까? 자연은 선할 수도 악할 수도 없다. 그저 자연을 대하는 우리의 태도가 그런 것뿐이다. 또한 우리 자신을 손상된 자연의 일부로 생각하지 않는다면 그것은 큰 오산이다. 아인슈타인은 이 세상을 창조한 신은 섬세하지만 악한 존재가 아니라고 생각했다. 자연도 마찬가지이다. 자연은 존재하고, 그 자체로 좋을 뿐이다.

몇 년 전 나는 생태학자 콘라드 로렌츠(Konrad Lorenz) 교수를 도나우 강 인근의 알텐부르크에서 인터뷰할 수 있는 행운을 얻었다. 노벨상 수상자인 로렌츠 박사는 거위에 대한 연구로 유명해졌다. 그는 구애, 짝짓기, 둥지 짓기 등 거위의 모든 생활을 가까이에서 관찰했다. 알을 까고 나온 새끼 거위가 처음으로 그를 보게 되면, 거위는 그를 엄마로 여긴다. 그의 연구 일생을 담은 흑백 다큐멘터리 영화 속에는 수염이 덥수룩한 그가 초원을 배회하며 다니는 장면이 있는데, 그의 뒤로 꽥꽥거리는 거위 떼가 뒤따라가고 있었다. 로렌츠 교수는 새끼 거위의 이런 본능적인 행동을 '각인'이라고 불렀으며, 거위에게는 유전적인 재능뿐만 아니라 학습능력과 지능이 있다고 인정했다. 거위는 기쁨과 슬픔 등의 감정도 매우 솔직히 표현한다. 배우자의 죽음은 너무도 큰 충격과 슬픔으로 다가와 남은 거위는 살아가는 희망을 갖지 못한다. 그저 고개를 떨구고, 자신이 빠진 깊은 어둠의 늪 속으로 시선을 떨어뜨릴 뿐이다. 모든 일에 무감각해지고 수동적이 된다. 거위는 마치 인간처럼 슬퍼하는 것이다.

뇌조 암컷의 짝짓기 시장에서 눈에 띄는 그들의 모습은 동물들에게도 의식이 있다는 학자들의 주장을 뒷받침해 주기에 충분하다. 해마다 교미 장소에 모인 뇌조들 중 암컷은 결정을 내리기 전에, 구애하는 수컷들 주변을 의기양양하게 맴돈다. 그들이 중요하게 생각하는 것은 수컷의 외모나 힘이 아니고, 또한 물을 마시는 청명한 소리나 오색이 영롱하게 반짝이는 목젖 주머니도 아니다. 뇌조 암컷이 수컷의 운명을 보고 결정을 내린다는 것이 밝혀질 때까지, 그들의 행동은 학자들에게 있어서 수수께끼였다. 학자들이 정말 기대하지 못했던 현상이 일어난 것이다. 암컷들은 뭔지 모를 어떤 징조를 통해 자신의 짝이 될 수컷이 얼마나 오래 살 수 있을지 예견하는 것이었다.

로렌츠 교수 이후, 캐나다의 조류학자 윌리엄 리시먼(William Lishman)은 비행기를 통해 야생 거위의 어미 역할까지 하였다.

새들의 세상에 대한 그의 감동과 열정은 생물학자였던 이미니에게서 물려받은 것이었다. 그녀는 그에게 몇 시간이고 동물의 왕국에 대한 이야기를 해주었으며, 일요일 오후에 치킨과 계란 프라이 등을 먹으면서도 닭의 해부학 강의를 했다. 그러나 그가 조류학자가 되는 데에 결정적인 계기가 되었던 것은 어느 특별한 경험 때문이었다. 비행을 즐겼던 그는 자신의 작은 경비행기 '이지 라이더'를 몰고 수확이 끝난 밭 가까이 날아간 적이 있었는데, 그곳은 새들로 꽉 차 멀리서 보면 검은색으로 보일 정도였다. 그는 호기심으로 낮게 비행했다. 순간 몇천 마리의 오리 떼가 날아오르더니, 그를 한가운데에 둘러싸는 것이었다. 그는 새들 한가운데서 마치 한 마리의 새처럼 날았던 것이다.

로렌츠 교수와 마찬가지로, 윌리엄도 그 이후 열여덟 마리나 되는 야생 거위를 키울 수 있는 행운을 누렸다. 거위들에게 그는 선생님인 셈이었다. 철에 따라 이동해야 하는 이 거위들은 남쪽의 들판으로 가는 길을 알지 못했다. 원래 그 이동 경로를 부모에게 배워야 했지만 이 거위들에게는 부모가 없었다. 그래서 윌리엄이 자신의 비행기를 타고 대신 나선 것이다.

첫 출발은 매우 힘들었다. 그가 엔진을 작동시킬 때마다, 엔진소리에 깜짝 놀란 새들이 도망치기 일쑤였고, 이 거대한 새를 따르려고 하지 않았다. 그러나 인내심을 가지고 몇 번을 거듭하자 곧 좋은 결과가 나타났다. 짹짹거리는 무리의 새들이 마침내 따다닥 소리를 내는 양엄마와 함께 하늘 높이 날아오른 것이다. 마침내 자신의 친구들을 남쪽나라로 이동시키려는 윌리엄의 모험적인 계획이 이루어지게 되었다.

그 어떤 조류학자도 불가능하다고 여겼던 실험이 실제로 성공한 것이다. 이 거위 떼와 그들의 비행기 대장이 6백 킬로미터를 날아, 캐나다의 온타리오 주에서 미국 버지니아의 겨울철 서식지로 날아가는 데에는 일주일이 걸렸다. 물론 아무런 사고 없이 순조롭게 진행된 것은 아니었다.

윌리엄은 최고 80킬로미터의 비행 속도로 날면서 모든 거위들을 모으는 데 전력을 다했다. 온타리오 호를 건너 남쪽으로 이동할 때는 다른 새들이 합류하여 새들의 무리가 갑자기 커졌다. 그러자 열여덟 마리의 거위는 공포에 질린 채 뿔뿔이 흩어졌다. 몇 분 후 안정을 되찾은 새들은 마치 실에 꿴 진주알처럼 경비행기 뒤에 나란히 줄지어서 날았다. 윌리엄은 조종석 가까이에서 날던 거위의 날개 끝을 손가락으로 만질 수도 있었다.

만화 영화 〈닐스의 모험〉의 주인공 닐스처럼 윌리엄도 야생 거위와 함께 하늘을 난 것이다. 그들은 비행 도중 사냥꾼들이 쏜 총에 맞을 뻔하기도 했고, 세찬 바람으로 경비행기가 날기 힘들어져 비상착륙을 하기도 했다.

윌리엄은 무사하게 목적지에 도착하고 나자 한 가지 걱정이 생겼다. 봄에 다시 이 거위들이 온타리오를 건너 돌아올 수 있느냐 하는 것이었다. 이듬해 봄, 윌리엄과 그의 부인 파울라는 그들을 이끌고 다시 돌아오려고 했으나 실패했다. 오랜 비행으로 피로해진 거위들이 도중에 보금자리를 찾았기 때문이다. 이 소문은 널리 퍼졌고, 거위들은 그들을 보러 온 수많은 축하객들에게 내내 시달려야만 했다.

그후에도 윌리엄은 야생 거위 떼를 인솔하여 그들의 겨울철 서식지로 가는 길을 안내해 주었다. 하늘의 카우보이 윌리엄은 현재

150마리의 야생 두루미를 이끌고 겨울을 날 수 있는 곳으로 데려가는 대모험을 계획 중이다.

희귀종인 야생 두루미는 캐나다에서 텍사스로 가는 위험한 길목에서 사냥꾼의 총알받이가 되기도 했고, 회오리바람에 실려 멀리 날아가기도 했다. 무엇보다 오염된 하천으로 인해 생명의 위협을 받고 있다. 두루미들은 수줍은 듯 윌리엄의 접근을 받아들이고 있다.

나팔 백조 또한 생명의 위협을 받고 있는 희귀종으로, 도움의 손길을 필요로 하고 있다. 그들과 비행하는 것은 거위와의 비행보다 세 배쯤은 더 힘들 것 같다. 나팔 백조는 눈이 쌓여 더 이상 살 수 없을 때까지 지낸 다음에야 비로소 남쪽으로 길을 떠나기 때문이다.

윌리엄은 왜 목숨을 건 위험에도 불구하고 이 프로젝트에 일생을 바치고 있는 것일까? 그는 "인간이 지구에 낸 상처들을 보면서 느끼게 되는 죄책감 때문에 이 일에 몰두하게 되는 것 같습니다"라고 대답한다. "이 작업을 통해 대자연의 일부분인 인간의 모습을 보다 긍정적인 것으로 바꾸고 싶습니다."

윌리엄과 같은 사람들의 행동은 미국인들에게 새로운 인식의 변화를 가져왔고, 그 결과 지금까지 인간들 위주의 사고방식과 습관들을 바꾸기에 이르렀다. 추수감사절에 도살되던 수많은 칠면조의 수도 줄어들었다. 수백만 마리의 칠면조들이 인간의 축제로 오븐에서 사라질 때, 몇천 마리의 칠면조는 호박파이와 감자요리를 먹는다. 그들은 심지어 다른 칠면조들이 부엌에서 불쌍하게 구이로 전락할 때 빵 완자를 먹기도 한다. 칠면조가 축제를 위해 알맞게 구워진 희생양이 아니라, 잘 차려입은 '손님'이 된 것은 〈칠면조 한 마리 입양하기〉라는 특별 프로그램 덕분이다. 칠면조를 사랑하는 사람들은 15달러만 내면 이 동물과 친구가 될 수 있으며, 자신들의 친구인 칠면조가 도살당하는 것을 막을 수 있다. 15달러로 칠면조 한 마리에게 먹이와 애정 어린 보살핌을 보장해 주는 것이다. 후원자는 감사의 표시로 칠면조와 함께 찍은 사진과 입양증까지 받게 된다.

이 프로젝트는 한 동물보호단체에서 시작되었다. 대량사육장이나 도살장에서 선택된 칠면조들은 뉴욕과 캘리포니아 주변에 있는 두 개의 큰 농장에서 따뜻한 보살핌을 받는다. 미국의 클린턴 전 대통령은 칠면조를 잡기 위해 칼을 갈고 있던 백악관의 요리사들로부터 칠면조를 구출하여 동물원에 보내기도 하였다. 그후 많은 미국인들이 오래된 전통을 포기하고 채식 위주의 식단으로 바꾸고 있다.

영국인들은 새를 매우 좋아한다. 1889년에 설립된 영국 왕립조류보호협회(Royal Society for the Protection of Birds)는 85만 명의 회원을 둔 세계에서 가장 큰 자연보호단체 가운데 하나이다. 예를 들어, 이 단체가 고속철도 건설에 이의를 제기하면 그 사업은 일단

중지된다. 회원들은 농촌의 조용한 땅을 구입해서 무성한 녹지대를 만들고, 그곳에 초록방울새와 푸른도요새, 산참새 등이 둥지를 틀 수 있도록 한다. 그래서 회원들은 그 땅에서 새로운 새를 발견하기도 한다.

『데일리 텔레그래프』지가 처음으로 그들의 활동을 보도했는데, 신문 1면에 넓고 텅 빈 경작지 사진이 실렸다. 들판의 한쪽 끝에서 보이지 않는 다른 쪽 끝까지 줄지어 늘어선 사람들의 모습이었다. 그들은 모두 비싼 고성능 망원경으로 한쪽을 바라보고 있었다. 무엇을 찾고 있는 것이었을까? 신문에 실린 사진만으로는 알 수 없었다. 그들은 남 스페인에서 짤막종달새가 날아들었다는 소문을 듣고 찾아온 왕립조류보호협회 회원들이었다. 4백 명의 사람들이 새 탐정이 되어 하루 종일 이 작은 새를 찾았지만, 소용없는 일이었다.

『타임』지는 이 행동을 빈정대며 비꼬는 기사를 실었다. "셰익스피어가 행복한 인종이라며 이 작은 세계를 이야기할 때 그것은 누구를 뜻하는 것이었을까? 분명 한 마리의 짤막종달새에게 환영의 인사를 보내기 위해서 하루 종일 잡초 무성한 들판에 서 있는 저 사람들을 두고 한 말이었을 것이다!"

조류보호주의자들은 세 개의 전문지와 전화 서비스, 라디오 프로그램을 통해 자신들의 주장을 폈다. 멸종 위기에 놓인 붉은 옆구리에 푸른 꼬리를 가진 그 작은 새를 실제로 보게 되면 감동의 눈물을 터트리며 서로 끌어안을 것이라고.

영국의 새들은 얼마나 행복한가!

모든 나라에서 당연히 이루어져야 할 일이다.

개구리를 위한 변론

라이너 홀베가 노벨상 수상자인 콘라드 로렌츠를 방문하여 RTL에서 실시하는 '모두 멈추고, 개구리를 구하자' 운동에 대한 지지를 요청했다. 시작 단계였던 양서류 보호 프로그램은 이 방송을 계기로 불붙게 되었다. 멸종 위기에 놓인 양서류들의 삶의 터전인 습지대를 보호하고, 시청자의 관심을 붙잡는 데 기여한 것이다.

홀 베 : 로렌츠 교수님, 개구리들은 우리 인간에게 어떤 의미가 있을까요?

로렌츠 : 봄날의 숲속 나무나 꽃처럼 개구리들도 우리의 감정을 풍부하게 하는 아름답고 의미 있는 존재입니다. 저는 어렸을 때 개구리들의 음악회를 보고 강한 인상을 받았습니다. 큰 강가에서는 청개구리들의 음악회가, 홍수 때에는 무당개구리의 음악회가 열렸습니다. 종소리 같은 무당개구리의 노랫소리가 늪지대에 울려퍼졌고, 그 맑은 울림은 이루 형언할 수 없을 정도로 아름다웠습니다. 저는 개구리들이 헤엄칠 수 있도록 정원에 조그만 연못을 만들어서 지금도 청개구리 음악회를 즐깁니다. 지금은 그 청개구리의 올챙이들이 연못 속에서 헤엄치며 놀고 있습니다. 그러나 무당개구리의 음악회는 몇 년 동안 듣지 못했습니다. 도나우 강가를 공사하는 바람에 더 이상 홍수가 나지 않게 되었기 때문입니다. 정말로 유감스럽습니다. 이 동물은 누구도 해치지 않으

며 너무도 아름답게 우는데 말입니다. 그들의 음악회 청취를 포기하라는 것은 새들의 노랫소리를 포기하는 것과 마찬가지로 큰 손실이며, 중요한 가치를 잃어버리는 것입니다.

홀 베 : 무당개구리들을 살릴 방법이 있다고 보십니까?

로렌츠 : 자연 습지대만 있으면 됩니다. 기존의 습지를 중금속으로 오염시키는 일을 중단해야 합니다. 우리 집 주변의 연못들은 관리가 잘 되는 도나우 강과 떨어져 있어서인지 오염이 되어 있습니다. 개구리들에게 매우 치명적입니다. 그래도 인공적인 개구리 연못을 만들어 대체할 수는 있을 겁니다. 부화된 올챙이들은 햇빛이 비치는 작은 연못으로 족합니다. 저는 조카와 함께 다른 동식물들의 생활 공간도 만들어주려고 합니다. 땅을 파서 그 위에 알루미늄 호일을 깔면 끝입니다. 돈이 많이 드는 것도 아닙니다. 저는 청개구리들과 불무당개구리들이 다시 모여들 것을 기대합니다.

홀 베 : 모든 사람들이 개구리를 구하기 위해서 무슨 일이든 할 수 있다고 생각하십니까?

로렌츠 : 그럼요. 마지막 순간까지도 무슨 일이든 할 수 있습니다. 정원이 있는 집에 사는 모든 사람들은 멋진 청개구리들의 연주를 들을 수 있습니다. 작은 연못 하나면 충분하거든요.

홀 베 : 다른 동물들을 위해서는 무엇이 필요할까요?

로렌츠 : 특별한 물에서만 알을 낳는 두꺼비는 이미 사라지고 없습니다. 연못들이 모두 메워져버렸기 때문이죠. 동물 세계의 빈곤은 우리의 문화적 빈곤과 직접적인 연관이 있습니다. 사라질 위기에 놓인 동물을 보호하고 생존시킬 수 있는 방법이 있다면, 우리는 기꺼이 그것을 해야만 합니다. 제가 어렸을 때는 셀 수 없을 정도로 많은 두꺼비들이 있었어요. 수많은 두꺼비들이 자동

차에 치여 희생되었죠. 그래도 몇 마리는 아직까지 살아 있어요. 두꺼비들의 수명이 매우 길기 때문이죠. 한 마리의 청개구리가 자라는 데는 대략 6년 정도의 시간이 필요합니다. 청개구리들은 나이가 들어서도 알을 계속해서 낳을 수 있기 때문에 아직까지도 많이 있어요. 그러나 갈색의 북도송장개구리들은 유감스럽게도 아주 드물게 보일 뿐입니다.

홀 베 : 개구리가 없는 자연은 어떨까요?

로렌츠 : 그것은 마치 시 없는 세계 같겠죠.

홀 베 : 개구리가 멸종하면, 언젠가 인간 또한 멸종하게 되지 않을까요? 개구리들은 해로운 곤충들을 잡아먹는데, 그들이 없어지면 강한 독성을 가진 곤충들이 더 많아져서 환경이 더욱 오염되지 않을까요?

로렌츠 : 글쎄, 그건 조금 과장된 것 같습니다. 개구리가 멸종하면 곤충들이 많아질 테고 그러면 아마 종달새들이 기뻐할 겁니다. 사람들이 자연의 톱니바퀴에 관여할 때, 어떤 결과가 생길지는 정확히 예측할 수 없습니다. 물론 개구리 멸종은 지구에 피해를 주는 일임에는 분명합니다.

홀 베 : 천연 정원을 유지하기 위해, 사람들에게 정원을 없애지 말라고 강조할 필요는 없습니까?

로렌츠 : 오래전부터 주장한 것입니다. 주차할 수 있을 정도로 넓은 잔디밭을 원하는 것은 아닙니다. 어머니는 제가 어렸을 때부터 정원에 있는 꽃을 절대 꺾지 못하게 하셨어요. 꽃잎이 지고 꽃씨가 뿌려지고 난 후에야 풀을 벨 수 있었지요. 그래서 우리는 봄이 오면 아름다운 꽃에 둘러싸여 지낼 수 있었답니다. 철쭉처럼 널리 꽃씨를 퍼뜨리는 식물에게는 마음대로 자라날 수 있는 기회를 줘야 합니다.

홀 베 : 그러면 사람들이 무시하는 '잡초' 식물들은 어떻게 해야 할까요?

로렌츠 : 애초에 무시할 만한 잡초라는 것은 없습니다. 사람들이 잡초라고 생각하는 어떤 풀은 아름다운 공작나비의 훌륭한 먹이 입니다. 그래서 저는 그 풀을 보호하려고 노력합니다. 가장 안타 까운 것은 어떤 꽃도 피지 않는 잔디만 깔린 황량한 정원입니다.

홀 베 : 잔디를 깎지 말아야 한다는 말씀인가요?

로렌츠 : 가능한 적게, 또는 아주 늦게 깎아야 합니다. 저는 정원 에 절대 거름을 치지 않고, 풀을 많이 베지도 않습니다. 그래서 정원은 1년 내내 꽃으로 뒤덮여 있고, 새들이 찾아오며, 작은 뱀 이나 고슴도치 같은 동물들이 찾아옵니다. 따로 돈이 드는 게 아 니죠. 정원을 인공적으로 가꾸지 않는다는 생각만 가지면 됩니다.

홀 베 : 자연에 대한 생각이나 우리 자신에 대한 생각을 서둘러 바꾸어야 할 때가 온 게 아닐까요?

로렌츠 : 우리는 아이들이 자연의 아름다움을 보고 자라날 수 있 도록 애써야 합니다. 아름다움에 대한 교육은 모든 문화생활의 전제조건이 되죠. 대도시에서 자라난 사람은 콘크리트 건물 바깥 세상에 더 아름다운 것들이 있다는 사실을 믿지 못합니다. 아이 들을 숲으로 인도해서 나무를 만지고, 꽃 냄새를 맡게 해야 합니 다. 아이들에게 자연의 아름다움에 대해 가르쳐주어야 합니다.

8장
타고난 평화주의자

동물들의 눈에는 슬픔이 깃들어 있다. 그러나 이 슬픔이
그들 영혼에 잠재된 것인지, 아니면 우리가 아직 알지 못
하는 존재가 우리에게 전해 주는 쓰디쓴 통보의 말인지
우리는 알지 못한다.

칼 구스타브 융(Karl Gustav Jung)

코끼리의 굵은 눈물, 우리에 갇힌 동물들과 영 코끼리 아줌마의
리한 탈출자인 유인원들에 대한 이야기 이름은 밀리(Milly)

였는데, 밀리도 나
와 마찬가지로 긴장하고 있었다. 나와 함께 출연한 적은 없었지만,
밀리는 ZDF 방송의 〈저주받은 달〉이라는 프로그램에 미국 공화주
의자의 애완동물로 출연했었고, 나는 다른 퀴즈쇼의 사회자로 출
연하고 있었다. 감독의 계획은 내가 왕처럼 밀리의 등을 타고 스튜
디오로 들어와, 긴 코를 죽 미끄러져 우아하게 바닥으로 내려서는
것이었다.

서커스에서는 무척 쉽게 보였지만, 경험이 없는 나 같은 사람에게는 정말 힘든 일이었다. 가뜩이나 낯선 동물, 코끼리가 아니던가. 어쨌든 나는 계속해서 두 귀를 흔들어대는 밀리의 등에 앉은 채로 무대로 들어갔다. 그런데 눈부신 조명과 많은 사람들 때문에 당황한 코끼리 아줌마가 갑자기 모든 것을 내팽개치고는 코로 물을 뿜어대기 시작했다. 주위는 온통 물범벅이 되었다. 당장 분위기를 바꿔야 했다. 청소가 시작되었고, 소도구 담당자는 소나무 향기가 나는 스프레이 향수를 뿌려댔다. 그때 코끼리 조련사가 조용히 다가왔다. 코끼리가 속한 이동 서커스단의 주인인 그는 우리 둘보다 더 긴장한 것처럼 보였다.

"코끼리가 두 귀를 흔들어대는 것은 마음이 편치 않다는 뜻이에요." 코끼리 아줌마 밀리는 참을성의 한계에 다다랐을 때 드물게 이런 방식으로 자신의 감정을 표출한다고 했다.

이런 사태에도 불구하고, 감독은 쇼에 살아 있는 코끼리를 등장시킨다는 계획을 수정하지 않았다. 그는 코끼리 조련사와 내게 최대한 집중해서 잘 해보라고 소리쳤다.

코끼리 조련사는 내게 말했다. "밀리와 한 시간 동안 같이 있어보십시오. 그러면서 코끼리에게 말을 시키고 맛있는 사과를 주세요."

그렇게 해서 나는 이 큰 동물과 단 둘이 있게 되었다. 코끼리와 한 시간 동안 무슨 이야기를 나눌 수 있단 말인가? 큰 귀로 내 말을 듣는다고 치자. 도대체 코끼리의 관심사가 무엇이란 말인가? 나는 공동의 관심사에 대해 말하기로 했다. 무엇보다 서로를 더 이상 괴롭히지 않는 게 좋을 것 같았다. 나는 밀리에게 어떻게 이 프로그램을 구상하게 되었는지, 왜 밀리를 이곳까지 데려오게 된 것인지 설명했다. 그러면서 간간이 바구니에 든 사과를 꺼내 나누어 먹었다. 내 쪽에서만 일방적으로 진행된 대화였지만 밀리는 한 번도 귀를 흔들지 않았다. 나는 좋은 징조라고 생각했다. 용기를 얻은 나는 밀리의 긴 코를 톡톡 쳐보기도 하고 주름진 피부를 쓰다듬기도 하면서 밀리의 눈을 들여다보았다. 그때였다. 코끼리 밀리가 내게 무슨 말을 하는 것 같았다. "당신에게도 이 일이 쉽지 않을 거예요. 그래도 우리 같이 잘 해봐요."

물론 밀리가 실제로 말한 것은 아니었다. 하지만 밀리가 정말로 그렇게 생각하고 있었다고 확신한다. 몇 시간 후 나는 밀리의 등에 앉아 다시 스튜디오로 들어갔고, 긴 코를 타고 내려와 관중들의 갈채를 받았다. 밀리는 물을 내뿜지도 않았고, 귀를 흔들지도 않았다.

그날 이후 나는 코끼리에 대해 관심을 깊게 되었다. 아프리카의 초원지대에 사는 그들은 새의 둥지를 밟지 않으려고 먼 길을 돌아가는 평화주의자들이다. 5천 5백만 년 동안 변함없이 자신들의 자리를 지키고 있는, 육지에서 가장 큰 포유동물인 코끼리들은 무자비하게 사살되고 포획되고 있었고, 나는 그런 소식이 들릴 때마다 찢어질 듯 가슴이 아팠다.

코끼리를 관찰해 본 사람이라면 누구든 그들의 높은 지능과 기억력에 대해 놀랐을 것이다. 코끼리는 과거의 불쾌했던 경험, 누군가의 친절한 태도 등 어느 것 하나도 잊지 않고 기억한다.

두꺼운 피부를 가진 태고시대의 동물이 믿을 만한 파트너라는 것은 조련사들이 가장 잘 알고 있다. 그들은 코끼리가 앞발을 들어 올리면, 그 아래에 자신의 머리를 넣는 서커스를 한다. 조련사의 목숨은 코끼리 앞발에 달려 있지만 그들은 전혀 두려워하지 않는다. 코끼리 또한 조련사의 믿음을 잘 알고 있는 듯하다. 특별한 말이나 몸짓이 없어도 코끼리는 자신과 관계를 맺은 사람의 마음 상태를 느끼는 것 같다.

다른 동물과 마찬가지로 코끼리 역시 모든 인간에게 전부 마음을 여는 것은 아니다. 다른 존재에 대해 애정과 거부감을 동시에 가진 코끼리는 이미 준비된 듯 어떤 이에게는 쉽게 다가서지만, 어떤 이들은 무작정 거부한다. 이러한 코끼리의 태도는 지적 능력과 사고능력을 의미하는 것이다. 사람들은 코끼리에게 텔레파시 능력이 있다고 주장한다. 내가 처음 밀리를 만났을 때도 그랬던 것 같다. 밀리는 당시 내가 느끼던 두려움을 똑같이 느꼈고, 그래서 첫 시도에서 긴장된 반응을 보였을 것이다.

코끼리의 사소한 움직임 하나만으로 치명적인 상처를 입거나 죽게 되는 동물들이 있다. 그런데 코끼리는 이런 동물들에 대해 매우 조심스럽게 행동한다.

영국의 식민지 장교인 데이비드 블런트가 탕가니카(Tanganjika)에서 코끼리에 관한 일화를 보내왔다. 탕가니카에 사는 한 여인이 농장에서 일하는 동안 나무 그늘에 아기를 눕혀 놓았다. 그때 마침 코끼리 떼가 덤불을 헤치고 지나가다가 아기를 보게 되었다고 한다. 코끼리들은 가던 길을 멈추었고, 그중 두세 마리가 꺾은 나뭇가지들을 잠자는 아기에게 덮어주듯 살포시 내려놓았다. 그리고 조용히 그 곁을 떠났다. 너무나 조용히 움직였기 때문에 아기는 여전히 쌔근거리며 자고 있었다. 데이비드는 윙윙대며 성가신 파리들이 아기에게 날아들지 못하게 코끼리들이 보호하려 한 것이라고 추측했다.

코끼리의 가족생활을 보면, 부모 코끼리들이 새끼 코끼리들에 대해 큰 책임감을 갖고 있다는 사실을 알 수 있다. 어미 코끼리는 어린 코끼리를 절대 홀로 내버려두지 않는다. 암코끼리가 새끼를 낳을 때면 무리는 그 코끼리를 위해 아늑한 자리를 마련해 주고, 다른 암코끼리들은 그 코끼리를 둥그렇게 둘러싸서 보호한다. 태어난 새끼는 제 어미는 물론, 다른 암코끼리들에게서도 보살핌을 받는다.

사바나의 초원지대를 지나는 긴 행군 중에 어떤 코끼리가 다치거나 아프면, 무리의 동료들은 그를 다시 일으켜 세우기 위해 최선을 다한다. 코끼리들도 각기 다른 성격과 몸의 특징을 갖는다. 사람마다 다른 손금을 가지고 있듯이 코끼리들의 발도 제각각 틀린 형태를 갖고 있는데 발톱과 발뒤꿈치 등이 모두 다르다. 또한 걷는 스타일에 따라 발자국도 다르다.

코끼리들이 만남의 기쁨을 표시할 때면, 사바나 전체가 흔들린다. "코끼리들이 서로 인사를 나누는 장면은 언제나 나를 감동시키지요." 아프리카에서 '암보젤리(Amboseli) 코끼리 연구조사 프로젝트'를 이끌고 있는 미국의 동물학자 캐서린 패인(Kathlene Payne) 박사는 말한다. "코끼리들은 백 미터 정도 떨어진 곳에서도 서로를 향해 달려가 고개를 높이 들고 코와 송곳니로 서로를 감싸고 누르면서 귀를 살랑살랑 흔들어 인사합니다. 그러면서 발을 동동 구르지요. 다시 만난 것을 무척이나 기뻐하는 듯이 말입니다."

코끼리는 사람들과 함께 길을 가는 동반자로도 자주 등장한다. 오늘날에도 아시아의 어느 지역에서는 멋지게 치장한 코끼리의 등에 타고 화려한 행렬을 즐긴다. 이집트의 파라오는 착하고 거대한 코끼리의 모습을 사원의 기둥에 세우도록 지시하기도 했다. 전설에 의하면, 람세스 대왕이 뾰족한 말뚝에 찔린 코끼리를 구해 주자, 코끼리는 고마움의 표시로 그에게 아부 심벨(Abu Simbel)에 있는 바위 지대를 알려주었다고 한다. 람세스 대왕은 아름다운 그곳에 사원을 지었다. 지금도 이곳에 가면 대왕의 거상을 볼 수 있다.

고대 중국에서는 코끼리가 숭배의 대상이었다. 어느 황제의 무덤에서는 황제의 주검과 함께 순장된 코끼리의 뼈도 출토되었을 정도다.

그러나 인간에 대한 흔들리지 않는 코끼리의 믿음이 가끔 좋지 않은 결과를 부르기도 했다. 인간들은 서로 죽고 죽이는 살육의 전투장에서 코끼리를 전투기처럼 이용했고, 채석장에서 힘든 노동을 시키며 학대하기도 했다. 카르타고의 한니발 장군의 부대가 로마 병정들을 위협하려고 코끼리 37마리를 몰고 행군한 것은 유명한 이야기이다. 이 코끼리 부대는 눈과 얼음으로 뒤덮인 알프스 산맥을 넘는 행진에 지친 나머지, 목적지에 닿기도 전에 대부분 죽었다고 하니 인간의 이기적인 행동 때문에 무고한 생명을 앗아가게 하고 말았다.

오늘날의 코끼리들은 상처 입은 평화주의자들이다. 설자리를 잃어가고 있는 것이다. 밀렵꾼과 사냥꾼들은 끔찍한 살육을 저지르고 있고, 코끼리들의 수는 날이 갈수록 줄고 있다. 상아의 가격이 1킬로그램에 5달러에서 250달러까지 폭등하자 야생동물 보호에 참여했던 사람들도 힘없이 두 손을 들게 되었다. 아프리카의 억제되지 않는 인구 성장도 코끼리들을 몰아붙이고 있다. 그들이 살 땅은 점점 더 줄어들고 있으며 점차 고립된 삶의 영역으로 밀려나고 있다.

태국의 코끼리들은 그 나라 사람들과 마찬가지로 현대화되는 생활환경으로 인해 피해를 입고 있다. 사람들의 실업과 빈곤, 노숙은 코끼리들을 우울하게 만들고 있는 것이다.

"몇백 년 전부터 사람과 코끼리 사이에 우정이라는 끈이 있었는데, 이 끈이 몇 년 사이에 갑작스럽게 끊어져버렸습니다." 육체적, 정신적으로 상처 입은 동물들을 치료하는 람팡 코끼리 병원의 원장인 프리히 펑크햄(Prich Pungkham)이 말했다. 많은 코끼리들이 수면장애로 고통을 받고 있으며, 어떤 코끼리들은 홀로 남겨지면 울음을 터뜨린다고 한다. 코끼리들의 눈가는 자주 촉촉하게 젖는다. 영국의 생물학자 찰스 다윈(Charles Darwin)은 다음과 같이 기록한 바 있다. "인도코끼리는 때때로 운다. 동물원의 한 경비원이 늙은 암코끼리의 눈에서 굵은 눈물이 떨어지는 것을 보았다고 주장했다. 그 코끼리는 새끼와 떨어진 것을 매우 슬퍼하고 있었다."

다윈의 기록에 따르면, 야생 코끼리를 잡을 때에도 코끼리가 눈물을 흘렸다고 한다. 다윈은 그의 책 『감정변화에 따른 인간과 동물의 표현방법』에서 다음과 같이 썼다.

"잡힌 코끼리는 극도로 고통스러워했다. 격렬하게 몸을 움직이다가 결국은 낙담하고 땅에 누워 날카로운 소리를 질러댔다. 그때 코끼리의 눈에서 눈물이 뺨을 타고 흘러내렸다."

몇 년 전까지만 해도 태국의 코끼리는 타이왕국의 건설을 도와, 숲의 무거운 나무를 도시로 옮겼고 채석장의 거대한 돌들을 실어 날랐다. 그후, 코끼리 노동자들은 일자리와 먹을 것을 구하러 도시로 나가야 했다. 농촌에서는 더 이상 그들이 할 수 있는 일이 없었기 때문이다. 울창했던 정글이 황량해지고, 살 만한 장소가 사라진 것이다. 도시로 나간 코끼리들이 아마 태국 코끼리의 마지막 세대가 되지 않을까.

방콕의 거리에서 사람들을 유혹하는 코끼리들은 고통으로 몸부림치고 있다. 그들은 트럼펫 소리에 맞추어 뒷발로 곤추서고, 하모니카로 삐딱한 화음을 불어야 한다. 코끼리 사육사들은 코끼리들이 자기들 무리 또는 열대우림 지역에서 같이 일하던 사람들과 헤어질 때 슬퍼한다고 말한다. 코끼리는 충성심을 가지고 있으며, 평등과 존엄에 대한 의미를 알고 있다. 그래서 코끼리들이 때로 서커스를 거부하는 것도 놀랄 일은 아니다. 그들은 슬픔에 겨워 마음으로 운다. 코끼리는 태국을 상징하는 국가동물이다. 그런 동물이 관광객들을 상대로 구걸을 하고 있어야 하다니…….

그러나 모든 사람들이 코끼리들이 처한 안타까운 일을 그저 바라만 보고 있는 것은 아니다. '아시아 코끼리의 친구' 협회의 회장인 소라이다 살와다(Soraida Salwada)는 람팡에 코끼리 병원을 세우고 끊임없이 그 나라의 인사들에게 코끼리를 위해서 무엇인가 하라고 촉구하고 있다.

아시아에만 해당되는 이야기는 아니다. 모두가 이 작업에 동참하여 우리 이웃인 동물들을 위해 세상 사람들의 의식을 변화시켜 나가야 한다. 지구의 모든 생명체에게 관심과 애정을 쏟는 것이 더 나은 미래를 위한 길이기 때문이다. 끊임없이 떨어지는 물방울은 바위를 뚫는다.

나는 예전에 태국의 고지대인 치앙마이 근처의 캠프를 방문한

적이 있다. 백여 마리의 코끼리들이 원시림 개간과 대나무 적재를 돕고 있었다. 그들을 찾아가는 좁은 길목에는 바나나를 파는 여인네들이 있었는데, 바나나는 코끼리들에게 주는 선물이었다. 코끼리 한 마리가 바나나 한 다발을 통째로 입으로 가져갔다. 관광철이 되면 관광객들은 나무판을 댄 코끼리 등 위로 올라타 약 3미터의 높이에서 그네를 타듯 원시림을 천천히 돌아볼 수 있다. 모기가 몰려드는 것을 제외하곤 위험한 일은 일어나지 않는다. 코끼리가 안내원의 지시에 따라 길을 막는 넝쿨식물이나 나뭇가지들을 바로바로 처리해 주기 때문이다. 일에 대한 대가로 코끼리는 강에서 수영을 한다. 아빠 코끼리와 엄마 코끼리, 새끼 코끼리는 기분 좋은 소리를 내면서 물 속에 몸을 담그고 긴 코로 몸을 문지르며 목욕한다.

평화로운 고지대의 코끼리 떼 한가운데에 수탉 창(Chang)이 위풍당당하게 걸어간다. 창은 몸집이 큰 코끼리들이 베푼 호의를 누리며 가끔 그들과 함께 합동연주회를 연다. 해가 떠오르기 시작할 때, 날카로운 '꼬꼬댁' 소리에 맞추어 코끼리가 웅장한 트럼펫 소리를 내면서 멋진 정글 속 연주회를 여는 것이다.

인도 서부 뱅갈 지역에서 일하는 코끼리들은 65세가 되면 은퇴하여 국립공원으로 보내지고 그곳에서 편히 지낸다. 완전히 쇠약해진 고령의 코끼리는 살육당하거나 정글로 보내져 자연사시킨다.

콜롬보의 북동쪽에 위치한 10헥타르의 큰 야자농장에는 50여 마리의 부모 잃은 어린 코끼리들이 모여 산다. 대부분 병으로 어미를 잃었거나 너무 큰 코끼리를 돌볼 수 없게 된 사람들이 보내온 것들이다. 그곳은 여섯 살 난 사마(Sama)와 같이 상처 입은 코끼리들에게도 안락한 집이 되고 있다. 사마는 지뢰를 밟는 바람에 다리 한쪽을 잃었다.

1975년에 설립되어 현재 42명의 직원들로 운영되는 피네왈라(Pinnewala) 캠프는 국가 보조금을 받는 곳이지만, 주로 관광객들의 입장료 수입으로 유지되고 있다. 관광객들은 불쾌감을 주지 않는 적당한 거리에서 어린 코끼리들이 마야오야 강에서 목욕하며 노는 것을 지켜본다. 어린 코끼리들은 신나게 뛰어노는 어린이들을 연상시킨다. 몇 마리는 그룹에서 이탈되기도 하고, 또 어떤 코끼리들은 악동같이 군다. 그들은 둘씩 셋씩 짝을 지어 몰려다닌다. 개중엔 문제아들도 있는데, 사육사들은 멀리 떨어진 얕은 하천에서 혼자 놀고 있는 코끼리들을 데리고 와서 직접 몸을 씻기기도 한다.

캠프의 원장인 젤라라스네는 "코끼리들은 저마다 특별한 요구 사항이 있습니다. 모든 동물들은 살아온 삶과 건강 상태, 심지어는 자신의 별자리에 맞는 행동을 보입니다"라고 말한다.

어떤 코끼리들은 자기의 생활비를 보조하는 대부(代父)를 이미 전 세계적으로 가지고 있다. 다른 동물원에서도 고아 코끼리들에게 관심을 보인다. 스리랑카에서는 단 한 마리라 할지라도 코끼리가 그 나라를 떠나기 전에 대통령의 허락을 받아야 한다.

다 자란 코끼리를 야생의 자연으로 돌려보내는 것은 금지되어 있다. 왜냐하면 그들은 자유롭게 살았던 야생의 코끼리 무리에 받아들여지지 않기 때문이다. 어떤 코끼리는 사원으로 들어가 화려하게 치장하고 신에게 경배하는 의식에 참여하면서 자신의 종교적인 경력을 쌓기도 한다.

서커스단이나 동물원 또는 사원, 그 어떤 곳도 자연 속에서 자유롭게 살아야 할 코끼리에게 본래의 삶을 되돌려줄 수는 없다. 그러나 어쩌면 인간세계에서 살곳을 잃고 추방당하거나 잔인하게 살육되는 것보다 인간들의 보호를 받으며 사는 것이 더 나을지도 모른다. 과거의 동물원은 춥고 비좁은 우리가 전부였지만, 오늘날의 동물원은 동물 가족 또는 동물 무리들이 함께 살 수 있는 훈훈한 곳으로 바뀌고 있다. 대자연의 터전에서 인간 문명에 쫓겼던 동물들이 이제 그들을 내쫓았던 인간들의 보호를 받으며 살아가게 된 것이다.

도쿄의 우에노 동물원에 사는 고릴라 중에 가장 나이 많은 44세의 고릴라가 죽었다. 불불(Bul Bul)은 카메룬에서 태어나서 1957년 이후부터 일본에서 살아온 고릴라다. 그곳에서 불불은 위풍당당한 멋진 풍채와 원만하고 친절한 성격으로 관광객들의 많은 사랑을 받았다.

타이베이의 동물원에서는 열 쌍의 신혼부부들이 타이완에서 가장 나이 많은 코끼리 린 왕의 80세 되는 생일을 축하해 주었다. 린

왕은 자신의 암컷 마 란과 함께 긴 세월을 함께했다. 인간에게 사육되는 코끼리의 수명이 이렇게 긴 데 반해, 야생 코끼리들의 평균 수명은 겨우 60세이다.

사육사와 방문객들의 따뜻한 보살핌과 애정으로 대부분의 동물들은 동물원에 갇힌 자신의 운명을 무덤덤하게 받아들인다. 마치 그들은 운명을 바꿀 수 없다는 것을 감지하는 것 같다. 동물학자 페넬로페 스미스 박사는 "낯설고 비자연적인 환경에 동물들을 옮겨놓는 우리에게는 그들을 위로하고 그들의 삶을 풍족하게 해주어야 할 의무가 있습니다"라고 말한다.

이미 은퇴한 하겐베크 동물원의 코끼리 사육사 칼 코크는 코끼리를 보살피는 데 특별한 재능을 가진 사람이었다. 코끼리와 함께 지내는 것은 바로 그의 삶이었다. 그 덕분에, 하겐베크 시는 수컷 한 마리를 동물원에서 키우는 데 성공하였다. 그때까지만 해도 규칙적으로 분비되는 호르몬의 영향으로 가끔씩 난폭한 발작을 일으켰기 때문에 수컷 코끼리는 길들일 수 없는 동물이라고 생각되었다. 그러나 코크는 수컷 코끼리를 잘 달래고 존중해 주었으며 매우 조심스럽게 다루었다. 이렇게 해서 코끼리 후세인(Hussein)이 뜨거운 인도에서 비와 습기가 많은 스산한 도시, 북부 독일의 저지대로 이사 온 것이다. "우리는 후세인에게 담요를 덮어주고, 지내게 될 우리도 보여주었어요. 후세인은 그때 너무나 긴장한 상태였지요." 코크는 당시를 기억하고 있다. 강제 이주를 당한 후세인은 이후 함부르크 출신의 코끼리 암컷과 인연을 맺고 다섯 마리의 건강한 새끼 코끼리를 낳았다. 그리고 다른 열다섯 마리의 아시아 코끼리와 함께 유럽에서 가장 큰 코끼리 무리를 이끌었다.

몇백 년 전부터 코끼리는 인간의 짐을 나르기도 하고, 나무를 옮기면서 힘을 써왔다. 따라서 답답한 우리 안에서 지내는 그들에게는 운동량이 턱없이 부족하다. 움직이고 싶어하는 그들의 충동을 저지하려면 목욕을 시키거나 빗질을 해주어야 한다. 또 코끼리 한 마리마다 매일 1백 킬로그램에 가까운 풀이나 잎, 나뭇가지들을 먹어대기 때문에 대량의 먹이를 공급해 주는 것도 중요하다.

코크는 은퇴하기 전까지 수백 마리나 되는 코끼리들의 발톱을 깎아주었고, 따뜻한 물로 발을 씻겨주었으며, 1년에 한 번씩 발굽도 깎아주었다. 또 코끼리들의 지루함을 달래기 위해 어린아이들을 등에 태우고 공원을 돌도록 했다. 이로써 사람과 코끼리 사이에 사랑과 관심, 믿음의 싹이 트기 시작했다. 코크는 코끼리와 함께한 긴 세월 동안, 코끼리 다리 사이에서 잠이 들기도 했고, 새로 태어나는 새끼 코끼리를 받기도 했으며, 죽어가는 코끼리의 코를 쓰다듬으며 눈물을 흘리기도 했다. 그는 코끼리가 관계를 중요시하는 사회적 동물이라는 사실을 깨달았다. 또 그런 관계를 통해 서로 가르치고 배운다는 것도 알아냈다. 홀로 살아가는 암컷은 외로움으로 인해 빨리 죽는 반면에, 여러 마리가 함께 살아갈 때는 서로 다정한 대화를 나누면서 오래 살았다.

칼 코크가 은퇴하고 나자, 암코끼리 산드라(Sandra)가 죽은 새끼를 출산했다. 그 원인이 자신을 돌봐주던 사육사와의 이별 때문이었는지는 밝혀지지 않았지만, 코크도 그 일로 인해 매우 상심했다. 코크는 현재 따뜻한 유럽 남부 지역에 코끼리 공원을 세울 계획으로, 코끼리들이 자유롭게 뛰어노는 낙원을 만들기 위해 재정 후원자를 찾고 있다.

어떤 동물학자들은 기존의 동물원에서 실시하는 사육 방식으로는 멸종 위기의 동물들을 구해 낼 수 없다고 비판한다. 텔레비전을 통해 드넓은 초원을 뛰어다니는 아프리카의 맹수, 진흙투성이의 하마, 강물에서 헤엄치는 귀여운 새끼 사자를 본 사람들은 제한된 공간에 갇혀 살아야 하는 동물들이 얼마나 답답하고 끔찍해할지 짐작할 수 있을 것이다. 하지만 이러한 견해와는 반대로 일부 동물학자들은 자연에서의 자유로운 삶이 어떤 동물들에게는 더 위험하다고 말한다. 동물들은 먹이를 찾아 계속 이동해야 하고, 사슴이나 영양 같은 초식동물들은 사자 같은 육식동물의 위협 속에서 두려움에 떨며 살아야만 한다. 맹수들조차도 천적이 있게 마련이라 언제나 적의 위협을 느끼며 살아갈 수밖에 없다.

언젠가 사육사들이 들소 떼를 울타리가 처진 목초지에 잠시 가둔 다음, 다시 자유롭게 풀어주려고 하다가 당혹스러운 경험을 했다고 한다. 자유의 몸이 된 들소들은 두려움에 떨며 다시 울타리 안으로 들어오려 했기 때문이다. 우리에 갇혀 지내는 동안 그들은 힘들게 먹이를 찾아 헤맬 필요가 없어져 들소들을 나약하게 만든 것이었다. 파라과이의 동물보호운동가들도 이와 비슷한 경험을 했다. 그 나라의 앵무새가 계속해서 유럽으로 수출되자 그들은 수출을 저지시키고자 가두어 두었던 새들을 풀어주었다. 그러나 날려 보낸 새들 대부분이 다시 새장으로 돌아오고 말았던 것이다.

물론 대부분의 동물들이 자유롭게 사는 것보다 우리 속에 갇혀 지내는 것을 더 좋아하는 것은 아니다. 우리 이웃인 동물들이 제각기 다른 삶 속에서 극도로 다양한 욕구를 가지고 있다는 걸 알아야 한다.

동물원에 갇힌 유인원들이 교묘한 방법으로 탈출을 시도하는 것을 보면, 그들은 꼭 자신의 지적 능력을 증명해 보이고 싶어하는 것 같다는 생각을 하게 된다. 괴팍한 오랑우탄들은 자물쇠의 구조를 연구하면서 몇 시간을 보내곤 한다. 그들은 자물쇠 안을 이리저리 후비면서 나사를 풀고 모든 부품들을 분해한다. 미국 네브래스카 주 오마하 동물원의 오랑우탄 후 만츄(Fu Manchu)는 경비원의 마지막 순찰이 끝날 때까지 조용히 기다렸다가 우리의 문을 열고 유유히 밖으로 걸어 나왔다. 한가롭게 산책을 즐기던 후 만츄는 다음날이 되어서야 붙잡혔다. 경비원은 아무리 생각해도 어떻게 우리를 빠져나올 수 있었는지 알 수 없었다. 후 만츄는 우리의 문을 억지로 연 것이 아니었다. 열쇠가 아무런 손상 없이 그대로였던 것이다. 우리를 조사해 보았지만 열쇠를 부수려고 했던 흔적은 조금도 찾아볼 수 없었다. 후 만츄는 몸에 묶인 밧줄을 푸는 곡예사의 기술을 지닌 것이 분명했다.

오랑우탄의 몸을 수색하던 중 드디어 비밀이 밝혀졌다. 이 상습 탈출범의 입술과 잇몸 사이에서 철사로 만든 열쇠가 발견되었는데, 그것은 오랑우탄이 직접 만든 것이었다. 놀라운 솜씨였다.

침팬지 역시 자신이 만든 도구를 능숙하게 다룬다. 그러나 성격이 급하고 참을성이 없어 잘 풀리지 않을 때 불같이 날뛰다가 일을 그르친다. 그러나 차분한 성격의 오랑우탄은 전 세계 모든 동물원에서 탈출왕으로 손꼽힌다. 멋진 솜씨로 감옥 같은 우리를 탈출하여 동물원의 벽을 뛰어넘는다. 사람들이 다니는 거리에 나타난 적도 여러 번이다. 우리를 탈출한 사자는 인간들을 공포에 떨게 하면서 불안하게 길을 헤매지만, 오랑우탄은 돌이나 나무막대기를 자신에게 다가오는 사람들에게 던질 뿐이다. 그때는 교활한 탈주자들과 직접적으로 대결하는 것은 피하는 게 좋다. 거대한 체구의 오랑우탄은 80킬로그램에 육박하며 웬만한 성인 남자들보다 강한 근육질의 팔을 자랑하기 때문이다. 힘센 팔로 수마트라와 보르네오의 열대림 속의 나뭇가지에 매달려 여기저기 옮겨 다녔던 그들임을 기억하기 바란다. 동물원을 탈출한 유인원들을 다시 돌아오게 하기 위해서는 폭력적인 방법이 동원될 수밖에 없었다. 영리한 수감자들은 동물원 내의 방목지에 둘러진 안전망 가운데에서 찢어진 틈을 귀신같이 찾아낸다. 오랑우탄은 넓은 하천을 건너기 위해 나뭇가지로 다리를 만들고, 암벽을 기어서 높이 올라가기도 하며, 탈출을 방지하려고 깔아놓은 고압전선도 겁내지 않는다. 그들은 방목지 주변을 둘러싸고 있는 철조망에 정말로 전기가 흐르는지 규칙적으로 테스트한다. 전기가 들어오지 않을 경우, 오랑우탄은 그때를 탈출할 기회로 삼는다.

동물원에 사는 원숭이들은 자신들이 천성적인 화가라는 것을 입증하려고 한다. 몇백 년 동안 그림을 그리는 원숭이는 인간을 모방하는 수준으로만 여겨졌다. 그러나 런던에서 열린 '원숭이 그림 전시회' 이후 한 원숭이가 스타가 되었다. 화가 살바도르 달리는 그림들의 높은 수준을 칭찬했고, 피카소와 미로는 원숭이 화가의 작품을 자신들의 아틀리에에 걸기도 했다.

침팬지나 오랑우탄, 고릴라가 어떤 영감을 받아서 붓을 잡는 것인지, 아니면 단지 색과 종이를 가지고 노는 것이 좋아서 그러는지는 아직까지도 의견이 분분하다.

"그냥 그들에게 물어봅시다."

『뉴욕 타임즈』의 기자들은 이런 생각을 가지고 침팬지 와쇼우(Washoe)와의 인터뷰를 계획했다. 심리학자 로저 포우츠(Roger Fouts)는 와쇼우에게 그림 그리는 법과 수화를 가르쳤고, 얼마 후 둘은 서로 대화를 나눌 수 있게 되었다.

"와쇼우, 네가 가장 좋아하는 색깔은 무슨 색이지?" 리포터가 물었다.

"빨간색, 빨간색!"

"왜 그렇지?"

"예쁘니까, 예쁘니까!"

"그림을 그리는 것이 좋아, 아니면 먹는 것이 좋아?"

"먹고, 그리고, 먹고, 그리고…… 그리는 것이 좋아!"

로저 포우츠 교수는 특별한 재능을 지닌 와쇼우가 수화로 전한 이 말을 통해 그 침팬지가 아름다움에 대한 특별한 감각을 지녔을 뿐만 아니라, 어떤 내적인 욕구에 의해서 그림을 그린다는 것을 입증한다고 했다.

포우츠 교수는 유인원에 대해 30년 동안 연구하였고 다음과 같은 결론을 내렸다. "어떤 유인원들은 사물을 묘사하는 예술적 재능을 지녔다." 그는 25세의 오랑우탄 아가씨 터르벵(Terbang)을 소개했는데, 이 오랑우탄은 영감을 받은 후에 예술 작업을 한다. 몇 분 동안 하얀 종이를 응시하고 있다가 갑자기 붓을 잡고 빨갛고 검은 점들을 찍고, 엉덩이를 종이에 대고 흔들면서 새빨간 소용돌이를 만든다. 터르벵의 터치는 점점 빨라지고, 엉덩이로 그려내는 원도 더욱 멋진 모양이 되어간다. 그와 동시에 터르벵이 내지르는 소리 또한 더욱 날카로워진다. 수백 장의 그림이 이렇게 해서 탄생되었다.

하지만 동물들은 언제나 순간만을 살 뿐이다. 그림을 그리는 오랑우탄이나 고릴라, 침팬지들도 모두 그림을 그리고 난 후에는 심드렁해진다. 자기가 그린 작품을 거들떠보지도 않는다.

브뤼셀의 미학 교수 티어리 르네(Thierry Lenain)는 "원숭이에게 있어서 그림은 하나의 흥미로운 놀이"라고 말하면서, "미술은 원숭이들을 통해서 사람들의 눈에 처음 띄었습니다"라고 주장한다.

우리에 갇힌 동물들은 사육사들의 보살핌과 방문객들의 애정으로 자란다. 동물원에 사는 어떤 동물들은 억지로 강요된 인간들과의 접촉 때문에 고통을 받고 때론 이것을 거부하기도 한다. 어떤 방문객들은 절망에 빠진 동물과 개인적인 접촉을 시도하기도 한다. 그러나 중요한 것은 특정한 한 동물과 규칙적으로 만나고 동물을 위해 시간을 마련하고 함께 대화하는 것이다. 바로 그때 인간과 동물 사이에 정신적인 교감이 오가는 것이다. 우리의 이웃들을 위로하고, 그들이 용기와 힘을 얻고 행복해지기를 바라자.

우리에 갇힌 동물들은 조심스러운 인간의 접촉에 긍정적으로 반응한다. 그들은 우리가 생각하는 것을 미리 감지하는 것 같다. 어쩌면 그들은 자신들에게 상처를 준 우리 인간이 스스로 부끄러워하고 있다는 것을 알고 있는지도 모른다.

동물학자인 페넬로페 스미스는 동물원의 하루 일과가 끝날 무렵, 사람들이 모두 돌아가고 났을 때 동물원의 분위기가 일시에 좋아진 것 같은 느낌을 받은 적이 있다고 말한다. 그때 동물들은 서로 대화를 나누는 것처럼 모두 활기에 차 있었으며, 마치 자신들만의 휴식 시간을 기뻐하는 것 같았다고 말이다.

9장
수학 문제를 푸는 말

좋은 조련사는 말이 하는 말을 들을 수 있다.
위대한 조련사는 말의 속삭임까지도 듣는다.
몬티 로버츠(Monty Roberts)

나의 친구 필립, 말과 대화하는 사람들과 어려운 제곱근을 계산해 내는 영리한 한스에 관한 이야기

검은 털을 가진 말 필립(Philipp)은 내가 어릴 적에 함께했던 조용하고 느긋한 친구였다. 주데텐란트에서 쫓겨난 우리 가족은 알트마르크 지방의 로네라는 작은 마을의 유복한 한 농부의 하인방에서 살게 되었다. 내 기억 속에 남은 그 시절은 너무나 행복했고, 빛나게 아름다웠던 여름이었다. 낮이면 초원에서 평화로이 풀을 뜯는 젖소를 돌보고, 밤이 되면 소가 먹다 남긴 먹이를 짭짭거리며 코를 들이대는 돼지들의 먹이 통에 쏟아 붓곤 했다.

하늘을 날며 내 주위를 맴도는 새들과 노란 물결처럼 몰려다니는 병아리들도 사랑스러웠다. 나는 낡은 헛간 지푸라기 속에 알을 낳아 숨기는 암탉의 비밀도 알고 있었다.

집에는 라디오도 없었고, 신문조차 보지 못했다. 우리는 거세게 지나가는 시간의 폭풍에서 멀리 떨어진 채, 권력자들의 아귀다툼과도 무관한 채로 살았다. 로네라는 마을은 평화조약이 체결된 국경 지역의 마을이었고, 나를 드넓은 초원과 평원으로 인도해 주던 필립은 나의 분신과 같았다. 나는 필립의 등 위에 올라타 갈기를 꼭 붙잡고는 너무 빨리 달리지 말라고 부탁했다. 말을 타본 경험이 없던 나는 맨발에 안장도 없이 올라탔다. 나는 필립의 힘찬 근육을 그대로 느낄 수 있었으며, 콧구멍에서 뿜어져 나오는 거친 숨소리와 따뜻한 모래밭에 퍼지는 육중한 말발굽 소리도 들을 수 있었다.

나는 필립에게 달리는 방향을 지시할 수도 없었고, 어디로 가야하는지 설명할 수도 없었다. 나는 그저 필립이 이끄는 대로 따랐다. 필립은 자신이 알고 사랑하는 아름다운 풍경들을 보여주었다. 들판에서 일하는 사람들은 우리에게 손을 흔들어주었고, 달리다 지치면 시냇물을 마시고, 나무 그늘에서 잠시 쉬어가기도 했다.

필립은 원래 어느 농부의 마차를 끄는 말이었는데, 농부는 일요일마다 교회에 가거나 가까운 아렌드시 호숫가로 바람을 쐬러 가곤 했기 때문에 그날만은 필립과 달릴 수 있었다.

그 시절에 나는 말들의 언어를 배웠다. 이야기를 해도 아무도 믿지 않을 것 같기에 누구에게도 말한 적이 없는 이야기이다. 나는 말들 모두가 자신만의 특별한 욕구와 소망을 가진 개성 있는 독립체라는 것을 알게 되었다. 또한 말이 가지고 있는 놀라운 점들을 많이 발견했는데, 특히 놀기 좋아하고 삶을 사랑할 줄 아는 성격이 무엇보다 마음에 들었다. 어떤 말들은 내가 알고 있는 사람들보다 더 지능적이고 감성적이며, 목표를 위해 끊임없이 매진하는 도전적인 성격을 가지고 있었다. 또한, 그들은 사람들의 사랑과 따뜻한 보살핌에 적극적으로 반응하였다. 나는 그들의 눈에서 부드러움과 기쁨, 슬픔과 고통을 읽을 수 있었다. 그러나 어른이 되면서 동물들과 자유롭게 대화할 수 있었던 어린 시절의 능력을 잃어버리게 되었다.

작은 마을 로네는 내 어린 시절의 파라다이스였다. 나는 그 시절의 동물 친구들을 모두 기억한다. 특히, 나에게 자신의 전부를 준 나이 많은 친구 필립은 결코 잊을 수 없다. 그후로 말은 나에게 무척 중요한 존재가 되었지만, 실제로 말을 탄 것은 울타리 쳐진 목장 안을 몇 바퀴 돈 것이 고작이다.

인간과 말의 우정은 인류의 역사가 시작되면서부터 계속되었다. 그들은 몇천 년 동안 함께 살고, 함께 싸웠으며, 속 깊은 우정을 나누어왔다. 그러나 부드럽고 평화로운 성품을 가진 말들을 독재와 전쟁의 희생양으로 이용하기도 했던 사람들 때문에 오랜 세월 동안 이어져온 인간과 말 사이의 멋진 하모니가 깨지기도 했다.

나는 위대한 기수 몬티 로버츠의 삶을 동경한다.

갓 돌이 되자마자 처음으로 말안장에 올라 탄 그는 4세 때 승마 시합에 참가했고, 13세 때에는 동생 래리와 함께 네바다의 사막에서 무스탕을 잡기도 하였다. 몬티는 어린 말들을 조종하려고 폭력을 휘두르고, 때로는 죽음으로까지 몰아갈 정도로 말들을 괴롭히는 난폭한 기수와는 전적으로 달랐다. 몬티는 기존의 방법들을 거부한 채 자신만의 독특한 훈련 방식을 개발했다. 훈련의 기본은 바로 파트너인 말과의 대화였다. 젊은 몬티는 야생의 말들뿐만 아니라 울타리가 쳐진 목장이나 우리에 있는 모든 말들을 연구하였고, 말들의 행동마다 제각각 특별한 표현의 힘이 있다는 사실을 알게되었다. 그는 말의 언어를 인간의 언어로 바꿀 수 있었기에 폭력을 사용하지 않고서도 어린 말들을 훈련시킬 수 있다는 사실을 전 세계에 보여줄 수 있었다. 몬티는 영국의 엘리자베스 2세 여왕이 보는 앞에서 인간적인 방법으로 직접 말을 다루었는데, 자신의 목장에서 이루어진 이때 이야기가 기수들 세계에서는 전설이 되었다.

몬티는 말 스스로는 절대 악한 행동을 하지 않으며, 그들의 행동과 반응은 모두 기수에게 달려 있다고 말한다. 특히 말이 어리고 기수를 태워 본 경험이 없을수록 그렇다는 것이다. 그래서 말을 사랑하는 모든 이들에게 말의 언어, '에쿠우스'를 배우라고 충고한다. 말들은 에쿠우스로 서로 대화를 나눈다. 다른 외국어처럼 에쿠우스 또한 쉽게 배울 수 있는 것은 아니다. 그러나 말의 언어를 배움으로써 인간과 말은 신뢰와 믿음을 바탕으로 한 의사소통을 할 수 있고, 폭력과 오해를 피하게 될 것이다.

"마차를 끌어보았거나 사람을 태워보았던 말들은 사람에 대한 적대감을 가지고 있습니다." 몬티 로버츠는 말한다. "그들은 마지못해 사람들이 시키는 대로 행동했던 것이지요."

몬티는 말에게 어떤 행동을 하면 사랑해 주겠다는 신호를 보낸다. 그와 동시에 하기 싫으면 하지 않아도 된다는 사실도 알려준다. 그는 우리 시대의 진정한 '호스 위스퍼러(horse whisperer)'인 것이다.

동물 생태학자인 바바라 우드하우스(Barbara Woodhouse)는 "저는 인간과 동물이 이 세상에 태어나 함께 살아온 이래로, 동물들이 인간에게 말을 건네왔다고 믿습니다. 동물들은 우리가 그들의 생각을 알아차리는 것보다 빨리 인간의 생각과 말들을 이해합니다. 동물은 인간이라는 종족을 아둔하다고 생각할지도 모릅니다"라고 말한 바 있다. 그녀는 말이 인간에 비해 훨씬 뛰어난 감지능력을 가지고 있다고 주장한다. 말들은 정면을 주시하는 동시에 180도 각도로 뒤를 볼 수 있는 시각능력을 가지고 있다. 또한 두 귀는 서로 독립적으로 움직인다. 정말 그들의 지적 능력이 다른 많은 생물체들을 능가하는 것일까?

20세기 초, 엘버펠드의 부유한 보석상인 칼 크랄의 실험은 말의 지적 능력에 관해 이야기할 때 자주 등장한다. 크랄은 '말 심리 연구소'와 '말의 학습을 위한 마구간'의 설립에 많은 돈을 투자하고, 말 조련사와 그들을 도울 조수들을 채용해서 말들에게 읽고 쓰고 셈하는 방법과 외국어를 가르쳤다. 그는 이 일에 자신의 평생을 바쳤다.

이 일에는 크랄의 친구이자 말 조련사인 빌헬름 오스텐의 영향이 컸는데, 오스텐은 말들에게 과제를 주고 말발굽으로 바닥을 두드리는 방식으로 답하도록 가르쳤다. 오랜 시간이 걸렸지만 오스텐은 포기하지 않았고, 마침내 조랑말 한스는 계산을 하고 알파벳을 순서대로 외우게 되었다. 이 조랑말은 나중에 '영리한 한스'라는 이름으로 일약 스타가 되었다.

그후 한스는 오스텐이 가르치지 않은 다른 분야에서도 능력을 보였다. 오스텐이 칠판에 '35 + 15'를 쓰면, 한스는 주저없이 바닥을 50번 두드린다. 오랜 훈련 끝에 한스는 그날의 날짜와 달을 쓰고, 계산 문제를 풀며 간단한 글을 읽을 수 있는 정도까지 발전했다. 한스의 놀라운 능력에 대해 들은 조련사들과 동물학자, 기수들이 몰려들었다. 그들은 오랜 시간 동안 한스를 관찰하였다. 처음에 그들은 한스의 능력을 믿지 않았다. 아마도 숨소리나 머리의 미세한 움직임 또는 팔을 올리거나 내리는 등의 작은 신호들이 있을 거라고 생각했던 것이다. 그러나 그들은 일체의 속임수를 볼 수 없었다. 한스는 오스텐이 없을 때에도 똑같은 능력을 보였기 때문이었다.

칼 크랄은 '영리한 한스'를 두고 실험을 계속했다. 크랄은 실험을 위해 조랑말 무하메드와 한센을 더 사들였다. 그들은 그 유명한 '엘버펠드의 말들'이라는 이름으로 오늘날까지도 널리 알려져 있다.

마침내 생각지도 못했던 일들이 벌어지기 시작했다. 조랑말들은 모두 셈을 할 줄 알게 되었고, 알파벳으로 된 글을 읽게 되었으며, 인간의 집과 음식 또는 자신들의 학습 방법에 대해 인간과 대화를 나누게 되었다. 더욱 놀라운 것은, 그들 스스로 인간들과 대화할 수 있는 방법을 찾아냈다는 것이다.

조랑말들에게 간단한 계산 문제는 지루함을 주었다. 동물전문가 하인리히 지글러(Heinrich Ziegler) 박사는 "말들이 쉬운 문제는 거부하더군요. 그건 분명히 말들의 기분과 관련이 있는 것 같았습니다"라고 말했다.

칼 크랄은 자신의 실험에 의혹을 제기하는 모든 비평가들을 이해할 수 있었다. 그와 말들은 착하고 순진한 아이조차 거부할 만한 악조건에서 평가를 받아야 했다. 말들은 의혹에 가득 찬 사람들에게 둘러싸여 몇 시간 동안이나 어두운 우리 안에서 눈가리개를 하고 서 있어야만 했고, 열린 문틈 사이로 문제를 들어야 했다. 예민해진 말들은 단지 몇 개의 홍당무와 설탕 조각만을 얻게 되는 고된 작업에도 불구하고 불평 없이 차분히 실험에 응했다.

조랑말 무하메드는 윌리엄 매켄지(William Mackenzie)와 로베르토 아사지올리(Roberto Assagioli) 교수 앞에서 1,874,161의 제곱근, 즉 1,369를 계산해 냈다. 학자들은 무의식적으로라도 말들에게 주게 되는 힌트를 방지하기 위해 우리 옆에서 조그만 구멍을 통해 말들의 답을 기다렸다.

말과의 대화를 눈속임이라고 생각하는 자칭 전문가들이 계속 줄을 이었다. 그들은 크랄이 비밀 암호를 사용하여 답을 가르쳐준다고 생각했다. 크랄은 '암호 가설'의 허황됨을 증명해 보이기 위해 눈 먼 말을 찾았고, 1912년 늦은 가을 한 도살업자에게서 도살이 결정된 눈 먼 말을 구입하였다.

한 살 반의 맥클렌부르크의 조랑말 베르토(Berto)는 침착하고 강인한 성격에 건강한 체격과 활달한 기질을 가지고 있었다. 검사 결과, 베르토의 눈은 태어나자마자 완전히 멀었던 것으로 판명났다. 누군가가 건드릴 때마다 발로 차고 물면서 반항하던 베르토는 아마도 사람들의 사랑을 많이 받지 못한 것 같았다. 크랄은 베르토를 다정하게 쓰다듬으면서 오랫동안 그 곁을 떠나지 않았다. 베르토는 얼마 지나지 않아 크랄을 신뢰하게 되었는데, 그때 이미 두 자리 수의 개념을 이해하고 있었다. 베르토는 배우는 것에 매우 관심이 많았다. 올바른 답을 하고 주어진 당근을 허겁지겁 먹을 때에도, 크랄이 다시 말을 하면 먹는 것을 멈추고 머리를 들어 귀를 기울였다. 그리고 크랄이 말을 멈출 때에야 비로소 다시 먹기 시작했다. "먹기 좋아하는 동물이 계속 먹는 것보다 듣는 데 더 관심이 있다는 것은 정말 보통 일이 아니랍니다." 조련사 크랄은 말한다.

1년 후, 베르토는 제곱근을 구하고 어려운 수학 문제와 복잡한 단어까지도 모두 알아맞힐 수 있게 되었다. 그러나 앞을 볼 수 있는 말들에 비해 베르토는 쉽게 피로를 느꼈고, 문제를 풀고 난 뒤에는 몹시 힘들어했다. 실력도 당시의 기분에 많이 좌우되었는데 산책 후에는 문제 푸는 실력도 눈에 띄게 좋아졌다.

"눈 먼 말의 능력은 외부의 영향이나 텔레파시를 가지고도 설명하기 어려운 것입니다. 그런 상태에서 복잡한 수학 문제를 풀라는 것은 사람에게도 너무나 힘든 일이기 때문입니다." 칼 크랄이 여러 편의 논문에서 한 말이다.

벨기에의 작가이자 노벨상 수상자인 모리스 메테르링크(Maurice Maeterlinck)는 처음 조랑말 무하메드와 마주 섰을 때 매우 당황했다고 고백한 바 있다. 무하메드는 자신을 보러온 메테르링크에게 "안녕하세요?"라고 인사를 건넸다고 한다.

"저는 이 세상에서 일어나는 놀랍고도 위대한 일들을 간혹 직접 확인했습니다. 하지만 이때처럼 당황하고 놀랐던 적은 별로 없었습니다. 무하메드와의 만남은 너무도 매혹적이었습니다. 무하메드 앞에서 저는 용기를 내어 큰소리로 그 농장의 이름, 바이덴호프(Weidenhof)를 말했습니다. 그러자 무하메드는 약간 망설이는 듯하다가 자신의 재능을 보여주기로 결심한 듯, 즐겁게 그 단어의 알파벳에 따라 바닥을 두드렸고, 나는 그것을 순서대로 칠판에 적었습

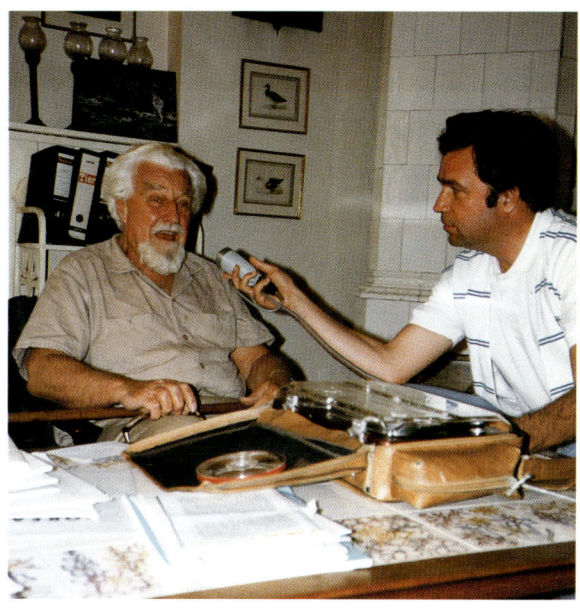

노벨상 수상자인 콘라드 로렌츠 교수와의 인터뷰. 그는 모든 생명체를 각자 자신의 위치를 차지하는 지구의 평등한 삶의 동반자로 보았다.

배 '막심 고리키'를 타고 세계를 여행하는 저자와 동행한 선장 앵무새 이반 (Ivan). 이 새는 독일어로 말하고 러시아어로 욕한다.

리 섬의 원숭이 사원. 사원에 사는
숭이들은 방문객들의 적선을 애
넘치고 능청스럽게 받는다.

의 환심을 사지 못하는 동물: 대부
사람들에게 혐오감을 불러일으키
물들이 있다.

닭을 삼키는 카카두 국립공원의 악어.

거미줄에 걸린 먹이로 다가가는
거미도 우리의 이웃 동물이다.

하와이의 화려한 앵무새 : 인간의 언어를 흉내낼 수
앵무새는 인간과의 대화도 가능하다. 인간과 함께
앵무새는 종종 다섯 살짜리 어린아이의 지능 수준
먹기도 한다.

평온과 여유의 상징 : 황소는 자바 섬 방칼란에서 숭
대상이다.

니다. 그것은 바이덴호츠(Weidenhoz)였습니다."

신기하면서도 당황한 모리스는 재빨리 칼 크랄을 불렀다. 크랄은 무하메드가 쓴 단어를 보고는 이마를 찌푸리면서 "왜 그래, 무하메드. 틀렸잖아. 단어의 마지막에 올 알파벳은 z가 아니라 f야! 다시 한 번 해볼래?"라고 말했다. 영리한 무하메드는 자신의 실수를 알아차리고 오른쪽 말발굽으로 세 번, 왼쪽 말발굽으로 네 번 쳤다. 그것은 완벽한 f를 나타내는 그들만의 코드였다.

무하메드는 자신을 찾아온 방문객들과 대화하면서 유머감각을 드러내기도 했다. '왜 입으로는 말을 못하는가'를 질문하자, "냐는 빠뽀에여!"라고 말발굽을 두드리며 대답했다.

메테르링크는 이 영리한 동물과의 만남에 관한 자세한 보고서를 작성하면서, 다음과 같은 결론을 내렸다. "말뿐 아니라, 지구상에 존재하는 모든 생물체들이 초능력을 가진 것은 아닐까? 동물들이 가진 초능력도 인간 깊숙이 숨어 있는 초능력과 비슷할 것이다."

엘버펠트의 말들은 동물학자들에게 오늘날까지도 지속적인 연구 대상이 되고 있다. 말들의 놀라운 반응과 대답은 과연 그들의 지적 능력에 대한 표시일까? 사실 어디부터가 생각하는 것이고 어디부터가 본능과 모방 충동 또는 순종인지 가늠하기는 어렵다. 그러나 '이 모든 것들이 그저 행운 때문이다'라고 결론내리는 것 또한 쉽지 않은 일이다. 아무튼 그 실험에 참여했던 엘버펠트의 말들을 통해 우리는 말에 대한 의식을 변화시킬 수 있었으며, 이는 20

세기가 시작되던 시기에 일어난 획기적인 사건이라 할 수 있다. 영리한 한스, 재치 있는 무하메드, 예민한 차리프와 장님 베르토는 그들이 가진 놀라운 재능에도 불구하고 제1차 세계대전이 발발하자 서부 전선으로 보내졌다. 그리고 그들 모두 다시 돌아오지 못했다.

수를 세는 황소들

그리스의 작가 플루타르크(Plutarch)는 도덕에 관한 자신의 책에서 수사라는 지방의 황소에 대해서 이야기했다. 이 소들은 날마다 왕의 정원에서 두레박으로 정해진 양만큼 물을 날랐다. 모든 소들은 매일 1백 개의 두레박을 날랐는데, 아무리 강요해도 그 이상을 해낼 수 없었다. 사람들이 양을 늘리려고 시도해 보았지만, 소들은 정해진 목표량을 채우자마자, 모두 그 자리에 멈춰선 채로 움직이지 않았다. 플루타르크는 이미 기원전 100년에 "소들은 정확하게 계산할 수 있다"라고 쓰면서 그들의 능력에 대해 놀라워했다.

10장
돌고래가 전하는 감동의 메시지

아주 먼 옛날, 세상에는 영혼들만 살고 있었는데,
어느 날 영혼들은 육지의 동물과 새, 물고기의 형상을
받아들일 수 있게 되었다. 이 태초의 생물 중에서 인간과
가장 가까운 동물이 '돌고래'였다.

소녀의 죽음을 슬퍼하던 플로리다의 돌고래, 우아하고 아름다운 영혼을 지닌 인간의 친구 돌고래들에 관한 이야기

15세의 미국 소녀 리 캐서린 화이트의 꿈은 고등학교를 졸업한 후 대학에서 돌고래를 연구하는 것이었다. 그러나 리는 백혈병에 걸려 항암 치료 때문에 그 꿈을 이룰 수 없었다. 오랜 치료에도 불구하고 회복될 기미가 보이지 않자 리는 절망했고, 죽기 전에 바다에 사는 돌고래 친구를 보고 싶어했다.

플로리다 섬에 있는 돌고래센터가 그녀의 소원을 들어주었다. 리는 가족과 친구들과 함께 푸른 바다에서 돌고래와 함께 수영을

했다. 돌고래들은 마치 용기를 불어넣어 주려는 듯 그녀에게 다가와 몸을 비볐다.

"리가 너무 좋아했어요." 리의 엄마인 루스는 이렇게 회상했다.

"특히, 돌고래 나투아(Natua)는 리의 운명에 대해서 정확하게 알고 있는 것 같았어요. 리를 등에 태우기도 하고, 살포시 리의 뺨에 키스를 하기도 했어요."

그러나 모두의 간절한 기도에도 불구하고, 리는 계속해서 쇠약해졌다. 실의에 빠진 부모와 형제자매를 위로한 건 오히려 리 자신이었다.

"나는 더 좋은 세상으로 가게 될 거예요. 슬퍼하지 마세요."

죽어가는 리는 남동생 파울에게 자신이 쓰던 방을 물려주었고, 여동생 마가렛에게 가구를, 여섯 살 난 동생 에밀리에게 자신이 아끼던 인형들을 선물하였다. 그 다음날 밤 소녀는 "아빠가 보고 싶어요"라고 말한 뒤 아빠의 팔에 안겨 잠든 채 죽음을 맞이하였다.

리는 돌고래와 수영을 하고 난 후, 부모에게 자신이 죽으면 돌고래와 함께 지낼 수 있게 바다에 재를 뿌려달라고 말했다.

리가 죽은 지 며칠 후, 그녀의 가족은 슬픔에 잠겨 배를 타고 대서양으로 나아갔다.

"우리는 돌고래들이 장례식에 나타나주길 얼마나 바랐는지 몰라요." 그녀의 엄마 루스가 당시를 회상하면서 한 말이다.

리의 재를 바다에 뿌리기 위해 배를 타고 대서양으로 나간 가족들은 한 시간 후 놀라운 광경을 목격했다. 배 주위로 한 마리의 돌고래가 나타나더니, 모두 일곱 마리의 돌고래가 차례대로 모습을 드러낸 것이다. 그중 두 마리는 어미 돌고래였고, 나머지는 아기 돌고래였다. 리의 아빠가 그녀의 재를 바다에 뿌렸고, 이어서 세 명의 동생과 엄마가 재와 붉은 장미꽃을 바다로 뿌렸다.

리의 엄마는 "너무나도 멋진 장면이었죠. 나는 우리 리의 영혼이 그 돌고래들을 불러왔을 거라고 믿어요. 딸애는 다음 세상에서 꼭 돌고래로 다시 태어날 거예요"라고 말했다. 그녀의 아빠도 "정말 너무나 아름다운 장면이었어요. 그래서 우리는 전혀 슬프지 않았답니다"라고 당시를 회상했다.

인간과 돌고래의 친밀한 관계에 대한 이야기는 아주 오래전부터 있었다. 빛의 신인 아폴로가 돌고래로 변신해서 "네 자신을 알라"라는 말이 씌어 있는 유명한 고대 신전 델피를 세웠다는 이야기도 있다.

돌고래는 1억만 년 전부터 지구상에 존재해 왔으며 코끼리, 참새와 함께 공룡과 같은 시대를 산 동물이다. 진화생물학자들은 해양 포유류와 조류는 거대한 공룡이 멸종하고 나서 진화되기 시작했다고 주장한다. 어쨌든 돌고래와 고래는 파란 지구의 3분의 2를 차지하는 물을 떠나지 않고 있는 사랑스러운 동물이다.

진화가 낡은 구조를 새로운 구조로 끊임없이 바꾸는 사이에 돌고래와 고래도 진화를 받아들여 나름대로 적용하였다. 그들은 자신들에게 맞는 최적의 형태를 발견하였고, 그것을 받아들이고 난 후로 더 이상 변하지 않았다.

해양생물학자이자 철학자인 울리히 위르겐 하인츠(Ulrich Jürgen Heinz)는 지구상에서 가장 완벽하며 지능적인 존재가 돌고래라고 확신한다. 그는 돌고래가 인간보다 더 인간적이며 영리하다고 말한다.

이 말은 특히, 인간들이 '킬러 고래'라고 제멋대로 이름 붙인, 큰수염고래에 해당하는 말이다. 12미터나 되는 몸길이와 8톤이나 되는 무게에도 불구하고 이 고래는 부드럽고 우아하게 바다 속을 헤엄쳐 다닌다. 물속에서 시속 70킬로미터의 속력을 내고, 60~80세까지 살 수 있는 이 고래의 두뇌는 인간보다 네 배 크고, 인간과 비슷한 지능을 가지고 있다.

돌고래가 인간을 공격했다는 말은 한 번도 들어보지 못했다. 반대로 인간은 순수한 그들을 뾰족한 창으로 찔러 죽였다. 그들이 살아가는 환경을 오염시킨 것도 바로 인간이다. 32종의 돌고래 중 많은 종이 멸종할 위기에 처해 있다.

돌고래는 무기도, 방어책도 없다. 그러나 그들에게는 뛰어난 사고능력과 독특한 사회적 특징이 있다. 무엇보다, 돌고래에 대한 큰 수수께끼는 그들의 언어에 관한 것이다.

"우리는 그들이 서로 의사소통을 하고 있으며, 그 정보 교환의 수준이 매우 높다는 것을 알고 있습니다." 플로리다의 돌고래연구소 소장인 조이 햄프(Joy Hampp)는 말한다.

"그러나 정확한 의사소통 방식에 대해선 아직까지 모릅니다. 모든 전파를 조사했습니다만 돌고래는 우리가 생각하는 언어로 대화를 나누지는 않는 것 같습니다."

이미 고인이 된 미국의 학술지 편집자인 칼 세이건(Karl Sagan)은 이 해양 포유류 동물이 소나 시스템(초음파를 이용한 수중탐지 시스템)을 통해서 서로 이야기한다고 주장했다. 그들은 상어를 '상어'라고 어떤 단어로 말하는 대신 상어의 초음파 메아리를 똑같이 흉내 내어 전달한다고 생각했다. 돌고래들은 초음파를 통해서 의사를 전달하고, 그것으로 상대의 존재를 파악하며 놀랍게도 상대의 두뇌 구조나 상태에 대해서도 알 수 있다고 한다.

그들은 5~15만 헤르츠의 초음파로 우리 인간을 꿰뚫어보고, 우리가 정신적·육체적으로 어떤 상태에 있는지를 파악할 수 있다는 것이다. (인간은 연령에 따라 겨우 2백~2만 헤르츠의 소리를 들을 수 있을 뿐이다.) 돌고래는 두 개 또는 세 개의 개별적으로 조정할 수 있는 혈액 순환기를 가지고 있을 뿐만 아니라, 인간과 같은 뇌 조직으로 구성되었지만, 인간보다 40퍼센트 정도 더 큰 두뇌를 가지고 있다. 그래서 돌고래들은 우리가 그들을 이해하는 것보다 훨씬 더 우리를 잘 이해할 수 있는 것이다.

"우리는 세상을 보지만, 돌고래들은 세상을 듣는다."

하인츠는 자신의 연구 결과를 요약하면서 "넓은 전파능력으로 그들은 우리가 인지하는 것과는 다른 사실을 인지한다. 그들은 인간이 갖지 못한 것을 가지고 있다. 그것은 두뇌의 네 번째 주름이다"라고 말했다.

고래와 돌고래는 하루 24시간 내내 움직인다. 그들에게는 따로 수면 시간이 없다. 대신에 그들은 몇 초 정도 반쪽 두뇌를 쓰지 않으면서 휴식을 취한다. 이때 쉬지 않는 쪽의 두뇌가 다른쪽 두뇌의 역할까지 떠맡아 세상에 대한 감시와 수영, 호흡운동 등을 맡게 된다.

하인츠 교수는 돌고래에게 예지능력이 있다고 확신한다. 무슨 일이 일어나기 반나절 전에 이미 그 일이 일어날 것을 안다는 것이다. 이 점이 돌고래가 인간을 능가하는 하나의 큰 특징이다.

"돌고래, 특히 오르카고래는 지구상에서 가장 지적인 최고의 창조물이라고 할 수 있습니다." 하인츠는 말한다. "그들은 매우 사회적이고, 남을 속이지 않으며, '언제나 지금 이곳에 존재한다' 는 아시아인의 철학적 사고에 정확하게 들어맞는 행동과 생각을 합니다." 연구자들은 그들과 영어로 대화하고자 시도했으나 모두 실패했다. 갈매기의 울음소리나 증기선의 신호, 모터보트의 소리 등을 모두 재현해 내는 진정한 '수중 앵무새' 인 돌고래도 인간의 소리만큼은 모방할 수 없었다.

"돌고래에게 인간의 언어를 강요하는 대신, 우리가 그들의 언어를 이해하려고 노력해야 할 것입니다." '돌고래 연구 프로그램' 의 감독인 라우라 우리안(Laura Urian)이 말한다.

"돌고래들은 우리의 질문에 확실히 대답할 수 있을 테지만, 우리는 그들에게 어떻게 물어야 할지 전혀 알 수가 없습니다."

돌고래의 한 종류인 쥐돌고래에게 휘파람 소리나 쉬쉬 소리로 구성된 인공 컴퓨터 언어를 가르치려고 시도해 보았으나 이 역시 실패했다. 그렇지만 돌고래 나투아는 당시 27개 단어의 조합을 습득하는 기록을 세우기도 했다. 예를 들어 사람이 그에게 '손수건'과 '위' 라고 말하면, 나투아는 물에 떠 있는 손수건 위로 뛰어 올랐다.

코끼리나 새, 원숭이와의 접촉에 유용한 도구들이 인간과 돌고래의 관계를 위해서도 효과적일 것이다. 돌고래의 정신적 능력은 인간과 너무나도 다르기 때문에, 그들의 독특한 지적 능력과 폐쇄적인 자의식을 알기 위해 인간의 척도를 사용한다는 것은 말이 안 된다.

라우라 역시 놀라울 만큼 크고 복잡한 이 해양 포유류의 두뇌가 인간의 지적 능력의 틀과 다르다고 동의한다.

"돌고래는 다른 종류의 지적 능력을 가지고 있습니다." 그녀는 한 인터뷰에서 말했다. "세상을 대하는 그들의 감각은 인간과는 완전히 다르죠. 어쩌면 지적 능력이라는 단어가 그들에게는 어울리지 않는 것인지도 모릅니다. 돌고래가 인간의 수영 모습을 본다면 그것을 '수영한다' 고 하겠습니까? 주변 환경에 따라 조화롭게 사는 능력을 지적 능력으로 본다면, 돌고래는 인간보다 훨씬 더 지능적입니다!"

그렇다면 그림, 음악, 문학 등과 같은 인간 고유의 문화적 능력
은 어떠한가, 그것 또한 돌고래와 구별되는 것일까?

하인츠는 다음과 같이 설명한다. "돌고래는 그림을 그리거나 어
떤 형상을 만들어낼 필요가 없어요. 왜냐하면, 그들은 수중 2백 미
터에서 1천 미터의 높이까지 움직일 수 있는 3차원적인 존재이기
때문입니다. 그에 비해 우리 인간은 2차원적인 평면적인 동물이
죠. 우리가 문화를 창조하는 것은 아마도 절망하지 않기 위해서인
지도 모릅니다."

인간들은 고래와 돌고래를 무차별적으로 포획하고 바다를 오염
시킴으로써 그들의 존재를 위협해 왔다. 많은 고래가 수족관에 갇
힌 채 스트레스와 소음으로 천천히 죽어가고 있다. 연구자들은 갇
힌 돌고래의 두뇌가 수축하고, 일종의 향수병이나 극도의 신경쇠
약에 걸리기 쉽다는 사실을 발견했다. 자유로운 바다를 떠다닐 때
는 서로 아끼고, 아픈 동료를 며칠 동안 물 위로 떠받쳐주던 자애
로운 돌고래가 수족관 안에서는 공격적이 되며 심지어는 자살까
지 하는 것이다.

돌고래연구소의 돌고래와 이빨고래는 왜가리와 펠리컨이 사는
맹그로브 늪지의 자연 환경 속에 마련된 거대한 수족관에 살고 있
다. 그곳에서 고래들은 호기심으로 오랫동안 바다 위를 쳐다보다

가 생긴 머리의 화상을 치료하기도 한다. 그들은 원하면 언제든지 낮은 울타리를 넘어 바다로 사라질 수도 있다.

절친한 바다 속의 생물, 고래에 대한 연구는 간혹 한계에 부딪힌다.

연구소에서는 얼마 전 새로운 수신호를 개발했다. 연구소의 조이 햄프는 "우리는 이 동물에게 '무엇인가를 직접 창조하라' 는 명령을 내렸습니다. 돌고래들은 이를 금세 이해했고, 자신들이 받은 훈련을 다양하고 미묘하게 변형시켜 우리를 놀라게 했습니다. 우리가 미처 따라갈 수 없을 정도였습니다."

플로리다의 돌고래 연구가들은 돌고래가 섬세한 감정을 지닌 지적 동물이라는 사실을 알려 어처구니없이 자행되는 고래잡이를 중단시킬 수 있기를 바란다. 고래들은 우리가 더불어 사는 존재일 뿐이다.

특히 많은 이들을 매료시키는 것은 고래가 힘과 우아함, 아름다움을 모두 가진 동물이라는 사실이다. 친절함과 상냥함 또한 고래가 가진 본성이다. 고래에 관한 신비로운 미스터리가 있다면, 바로 영국의 해양연구가 호레이스 돕스(Horace Dobbs)가 말하는 '돌고래의 영혼' 이다. "자연은 아직도 많은 수수께끼를 간직하고 있는데, 돌고래의 영혼 또한 그 많은 수수께끼 중의 하나입니다."

프리윌리(Free Willy)의 자유

생후 2년이던 1979년 아이슬란드 인근 해역에서 붙잡힌 케이코 (Keiko)는 멕시코의 해양곡예단의 인기 단원으로 활약하다 1993 년 소년과 돌고래의 우정을 그린 영화 〈프리윌리〉로 일약 스타덤 에 올랐다.

케이코는 1997년부터 바다로 돌아가기 위한 적응훈련을 받았는 데, 종족의 수영법을 익히고 그들의 초음파 사투리를 배웠으며, 추운 대서양에서 겨울을 날 수 있도록 체내에 지방을 축적시키는 법도 배웠다. 결국 2002년 7월 자신의 고향인 대서양으로 돌아 갔으나, 한 달 반 만에 다시 인간 사회로 돌아오고 말았다. 9월, 노르웨이 오슬로 인근 해역에 처음 모습을 드러낸 케이코는 주민 들이 주는 먹이를 받아먹으며 지금까지 대서양으로 돌아가지 않 고 있다. 노르웨이의 해양학자들은 "20년 넘게 인간 사회에서 생 활한 케이코가 자연 생태계에 적응하지 못하고 겨울을 나기 위해 인간이 있는 해안 지역으로 이동해 왔을 것"이라고 말한다.

11장
심해에서 반짝이는 노인의 눈

문어와 마주칠 때마다 그들은 나를 쓰다듬으며
그 놀라운 사고력으로 언제나 나를 놀라게 했다.
자크 이브 쿠스터(Jacques-Yves Coustreau)

**우리를 사로잡는 신비스러운 문어의 매력과 그
들의 끔찍한 바다 속 사촌들에 관한 이야기**

몇 년 전 나는 지중해에 있는 이비자 섬에서 선 세계를 누비며 여행과 모험을 즐기는 헤르만을 처음 알게 되었다. 그는 이비자 섬에 잠수학교를 건립한 사람인데, 내게 깊은 해저에서 만난 거대한 문어에 대해 이야기해 주었다.

헤르만은 "거대한 문어를 눈앞에서 직접 보는 것은 정말 굉장했어요"라고 회상했다. "아직도 뼈 없는 그 동물이 마치 반죽덩어리처럼 바다 밑바닥에 누워 있었던 것을 생각하면 섬뜩해요. 괴물 같은 그놈이 뚫어져라 쳐다보는데, 정말이지 온몸이 오싹했어요. 마치 나를 꿰뚫어보고 있는 것처럼 두 눈을 이리저리 굴리더군요. 다른 동물들은 보통 사람 눈을 피하는데, 이 괴물은 정말 달랐어요."

바다 속에서 해파리를 본 적이 있는 잠수부라면 아마 이와 비슷한 경험을 했을 것이다. 우리는 움직이는 문어의 눈이 수정체와 동공, 망막으로 이루어져 있다는 사실을 알게 되었다. 문어는 하나의 상을 극도로 복잡한 신경계가 발달된 뇌 속의 시신경으로 보낸다. 그들은 복잡한 시신경계를 통해 전체적인 상과 함께 자세한 부분까지도 구별해서 볼 수 있다.

지금까지 알려진 750여 종의 오징어과 동물 중에서 단 몇 종류만 사람의 엄지손가락만 한 크기이고, 그밖의 것들은 버스처럼 큰 몸집에 1천 미터 깊이까지 헤엄을 친다. 신비로운 이 바다동물은 연체동물로서, 여덟 개의 다리의 문어와 열 다리의 오징어에게는 뼈마디도 가시도 없다. '뼈도 없고, 머리도 없는' 이 연체동물들은 생물학자들에게 사촌 격인 달팽이나 조개보다도 영리하지 못할 거라고 무시당해 왔다. 그러나 해부학상으로 볼 때, 수많은 세포로 이루어진 그들의 두뇌는 매우 세분화되어 있으며, 현미경으로 보면 마치 발달된 포유류의 두뇌와 비슷하다고 한다. 원래 이름은 두족류(頭足類)로, 그들의 눈에는 인간들을 꼼짝 못하게 만드는 힘이 있다. 고인이 된 해저탐험가 자크 이브 쿠스터는 "어떤 잠수부라도 자기를 뚫어져라 쳐다보는 거대한 문어의 눈을 보면, 마치 지혜로운 한 노인과 마주한 것 같은 경외심을 느끼게 됩니다"라고 말한 바 있다.

깊은 바다, 어둠 속에서 우리에게 두려움을 주는 흐느적거리는 거대한 문어가 진정 지혜로운 노인과 같은 존재일까? 놀라운 지능과 매력으로 우리를 사로잡는 존재란 말인가?

그렇다면, 많은 뱃사람들에 공포와 경악을 불러일으키는, 긴 다리로 배를 집어삼킨다는 그 악명 높은 거대 괴물은 도대체 무엇인가? 스칸디나비아의 주교 에릭 포토피단(Erik Potoppidan)은 1755년 출간된 노르웨이의 자연사 책에서 '거대 괴물'에 대해 기술하였는데, 그에 따르면 이 괴물은 '크라켄(Kraken)'이라는 이름으로 불렸으며, 2.4킬로미터나 되는 몸을 갖고 있었으며 그 다리는 배의 돛대까지 올라올 정도로 길었다고 한다. 쥘 베른(Jules Vernes)의 소설 『해저 2만리』에서 끔찍한 모습으로 등장한 이 괴물은 그 유명한 네모선장의 선원들을 삼켜버린다.

현재 진행 중인 문어 연구는 환상 속의 문어가 실제로도 있을 수 있다는 가능성에 대해 시사해 준다. 뉴펀들랜드 섬의 청어잡이 선원들은 쥘 베른의 괴물보다 적어도 두 배는 더 큰 거대한 오징어를 실제로 보았다고 주장한다. 그 증거로 그들이 가져온 거대 바다괴물의 다리 하나가 생물학자들의 연구실로 보내졌다.

마오리족의 전설에 의하면, 폴리네시아를 발견한 쿠프는 10세기경에 거대한 오징어를 쫓아 몇천 마일을 항해한 끝에 뉴질랜드에 이르렀으며, 그곳에서 그들은 거대 오징어를 잡아먹었다고 한다. 이 전설의 핵심적인 부분은 사실임에 틀림없다, 괴물의 흔적이 특히 뉴질랜드 주변에서 종종 보이기 때문이다. 지금도 20미터나 되는 커다랗고 긴 그들의 사체가 해변으로 떠밀려오고 있으며, 죽은 고래의 위나 고기잡이 그물에서도 발견되고 있다.

우리를 섬뜩하게 하는 이 존재는 동물세계에서는 가장 큰, 심지어는 사람 머리만 한 눈을 가지고 있다. 여덟 개의 다리와 두 개의 흡반(빨판) 사이에 있는 입은 부리로 덮여 있는데, 그 부리는 큰고래에게 치명적인 상처를 입힐 정도이다. 1977년 가을, 몇몇 고래에게서 이 괴물과 싸운 흔적을 발견했는데 고래의 몸에서 30센티미터가 넘는 지름을 가진 흡반 자국이 발견되었다.

그러나 신비에 싸인 해저괴물의 생활에 대해서는 별로 알려진 바가 없다. 그들이 무엇을 먹고 사는지, 혼자서 사는지 아니면 무리를 지어서 사는지, 또는 어떻게 방향을 잡고 헤엄치는지 그 누구도 알지 못한다.

이제야 과학자들은 지구상의 가장 큰 무척추동물, 두족류의 생태에 관한 정보를 얻기 위해 사진을 찍으려고 시도하고 있다. 그러나 지금까지 어느 누구도 살아 숨쉬는 거대 오징어를 보지 못했다. 1992년 여름, 버뮤다 앞 바다에서 진행된 이 신비의 생물체 연구를 위한 잠수 탐험은 별다른 성과 없이 끝나고 말았다.

어느 거대 오징어는 길이가 75미터 정도에 이른다고 한다. 이 괴물은 치설로 무장된 흡반으로 먹이를 죽인 다음 강력한 턱으로 조각조각 뜯어먹는다. 공격을 받은 물고기는, 몇천 분의 1초 만에 피부색이 달라지기도 한다.

뉴질랜드 근해의 어느 섬에 지름 30센티미터의 거대한 눈이 떠밀려 왔다. 이 거대 오징어의 중앙 심장과 두 개의 곁심장은 12미터나 되는 다리에 피를 공급한다.

1988년에 어부인 테디 터커는 버뮤다에 있는 맹그로브 만의 해변에서 몇 톤에 달하는 생물체의 몸 일부를 발견하였다. 섬유질의 단백질 덩어리는 대략 1미터의 두께로 다리가 5개 있는 생물과 비슷했다.

한편, 1976년에는 미국의 선원들이 그때까지 알려지지 않았던 무지무지하게 입이 큰 상어(Megamouth)를 낚아 올렸다. 해양생물학자들은 전문지에 이 상어를 소개하면서 '깊은 바다 속의 큰 입(메가카스마 펠리지오스Megachasma pelagios)'이라고 불렀다. 20미터 길이의 이 상어 역시 몇천 년 전까지 바다에 살던 종으로 믿어졌던 해양 동물이다. 학자들은 이 동물이 이미 오래전에 멸종했다고 믿고 있었다. 그럼 이때 잡힌 상어가 마지막 생존 상어였을까? 그러나 그들의 거대한 송곳니가 태평양 해저에서 계속 발견되고 있다. 그 크기로 볼 때, 괴물들은 소 한 마리를 통째로 삼킬 수 있는 거대한 입을 가지고 있는 것 같다.

런던의 동물학자 폴 코넬리우스(Paul Cornelius)는 "해저에는 아직까지도 알려지지 않은 거대한 생물들이 다양하게 존재하고 있습니다"라고 말한다. 그와 동료들은 깊은 바다의 어두운 골짜기에서 일어날 신기하고 놀라운 장면들을 상상해 본다. 축구장만 한 크기의 거대 문어가 여기저기에서 행패를 부리면서 거대한 상어와 격렬한 싸움을 벌이는 장면을 말이다.

바다의 세계에는 온갖 놀라운 사실들이 무한하다. 인간의 손길이 거의 미치지 못하고 있는 바다 세계는 지구 표면의 3분의 2를 덮고 있으며, 수심이 무려 8천 미터에 다다른다. 해저를 탐사하는 잠수함은 기껏해야 6천 미터까지 내려갈 수 있을 뿐이다.

미국의 해양생물학자 프레더릭 그라슬레(Frederick Grassle)는 "우리는 19세기 장비를 가지고 연구하고 있어요"라고 한탄한다. "그물과 탐사기, 수중 카메라, 기껏 몇 시간 잠수할 수 있는 잠수함으로는 충분치 않습니다. 이 도구들을 가지고서는 육지에선 코끼리도 발견하지 못했을 겁니다."

가끔은 이미 오래전에 생물연감에서 사라진 생물체들을 가까운 곳에서 볼 수 있는 행운이 찾아오기도 한다. 1938년 크리스마스를 앞둔 어느 날 트롤 어선 '네린호'의 어망에 검푸른색의 괴물이 걸려들었다. 너덜너덜해진 이 괴물의 지느러미가 어찌나 굵던지 마치 다리처럼 보였다. 괴물은 잡힌 지 네 시간이 지나도록 심하게 요동을 쳤다.

바다에서 육지로 떠내려 온 동물을 조사하기 위해 파견된 해양
학자들은 술 지느러미가 달린 경골어류를 발견하고는 너무도 깜
짝 놀랐다. 전문가들은 지느러미를 가진 이 동물이 이미 6천 5백
만 년 전에 멸종했다고 확신하고 있었기 때문이다. 그러나 학자들
은 연구를 통해서, 이 물고기 종이 선사시대부터 코모렌 바닷가,
즉 마다가스카르 북서쪽 화산섬 근처의 바다 속 용암 구멍 속에 살
고 있었다는 것을 밝혀냈다. 1987년에는 콘라드 로렌츠의 제자로
생리학자인 한스 프리케(Hans Fricke)가 살아 있는 이 경골어류를
자신의 잠수함 카메라 앞으로 유인해 내는 데 최초로 성공했다. 그
러나 유인 작업은 전 세계에 경각심을 불러일으켰다. 고대 동물의
생존이 위협받고 있었기 때문이다. 코모렌의 어부들은 바다 깊은
곳까지 내려가 물고기들을 잡았기 때문에 그곳에 모여 살던 얼마
남지 않은 경골어류들이 종종 낚싯대에 걸려들었다. 먹으면 설사
를 일으킬 뿐이라 이 물고기는 원주민들에게는 달갑지 않은 존재
였지만, 학자들이 볼 때 이 고대 생물의 멸종은 하나의 비극이었
다. 이 거대 생물은 육지에서 살기 위해 바다를 떠났던 고대 어류
의 마지막 생존자인 것이다. 그들의 지느러미는 파충류처럼 움직
인다. "경골어류들은 고귀한 진화의 연대기입니다"라고 해양생리
학자인 막스 플라닉 연구소의 한스 프리케는 경고한다. "연대기를
더 이상 써 내려갈 수 없다는 것이 또 하나의 비극이지요."

고대 생물들에 대한 관심을 환기시키기 위해 과학자들은 용암 구멍 앞에 수중 카메라를 설치하여 24시간 내내 경골어류의 움직임을 전 세계에 알리려고 한다. 이 다큐멘터리 프로그램은 긴장감 넘치거나 흥미진진하지는 않을 것이다. 게으르고 느린 금욕주의자로 알려진 95킬로그램에 달하는 경골어류는 상어에 대한 두려움으로 하루 종일 집에서 꿈쩍도 하지 않고 숨어 지내기 때문이다. 그들은 밤이 되어서야 큰 움직임 없이 물속을 떠다닌다. 유유히 아무런 목적도 없이 그저 떠다닐 뿐이며 서두르지 않는다. 그러다가 작은 물고기가 지나갈 때면 재빠르게 먹이 감을 낚아챈다. 선사시대부터 살아온 우리의 육중한 이웃이 먹이를 낚아챌 때의 속도는 119 구급차보다 5배 정도 빠르다고 한다.

생물학자 프레드 바벤담(Fred Bavendam)이 영국령 콜롬비아의 해변 17미터 깊이의 해저에서 촬영하고 있을 때, 문어 한 마리가 그의 뒤로 슬그머니 접근하더니 그가 가진 오렌지색 마그네슘 섬광카메라를 끈질긴 관심을 보였다. 잠수 경험이 풍부한 그는 5분 동안 계속해서 값비싼 촬영 장비에 다리를 뻗치는 2미터 길이의 문어에게 저항했다. 물위로 떠오른 그는 문어의 '말하는 듯한 눈빛'에 대해서 회상하면서 "그저 뚫어져라 쳐다보는 것이 아니라, 저와 어떤 교감을 나누고 싶어하는 것 같았어요"라고 말했다. "마치 자신을 알아주기를 바라는 것처럼, 마치 우리가 서로 아는 사이인 것처럼, 그렇게 저를 쳐다봤어요."

미국과 캐나다의 문어 연구자들은 우리에게 잘 알려지지 않은 문어가 매우 지능적이고 영리하다고 주장한다. 그들은 5억 5천만 년 전에 살았던 고대 두족류들 역시 놀랄 만한 정신세계를 소유했을 것으로 추측하고 있다.

두족류들은 주위에서 일어나고 있는 일들에 대해 유달리 호기심이 많다. 무슨 일이든 지나치지 않고 열심히 지켜본다. 어떤 두족류는 화났을 때 빨갛게 달아오르기도 하고 놀랐을 때 창백해지고, 피곤할 때에는 피로에 지친 방랑자처럼 팔에 머리를 기댄 채 몸을 눕혀 쉬기도 한다.

몸이 무거운 이 동물은 도구를 사용해서 조개껍데기를 깬다. 딱딱한 자신의 턱으로 석회질의 탱크 같은 조개에 구멍을 내고, 타액선에서 분비되는 독으로 희생자를 죽인다. 때로는 근육의 힘만으로 껍데기를 열어젖힐 때도 있다.

위험에 처할 때마다 피부 세포 색소를 이용하여 피부색을 주변색으로 바꾸는 정교한 변신술 또한 그들의 영리함을 보여주는 것이다. 변신에 걸리는 시간은 몇천 분의 1초에 불과하다. 그들 중 어떤 종류는 자신의 피부색을 짧은 시간 안에 천 번 이상 바꿀 수 있는데, 이는 위험한 상황을 동료에게 알려주는 의사소통의 방법이기도 하다. 또한 먹이를 잡는 방법도 매우 독특하다. 어떤 종류는 먹물을 쏘아 주위를 탁하게 만들고, 어떤 종류는 빛을 이용하여 상대에게 최면술을 걸어 먹이를 잡는다.

이탈리아 나폴리의 정신생물학자들은 실험을 통해 두족류들이 상으로 받은 물고기 조각을 쉽게 찾는 것을 보고 놀라움을 금치 못했다. 그들은 실험이 끝난 몇 시간 뒤에도 물고기들이 숨겨진 장소를 정확히 기억하고 있었다. 또 다른 실험에서 밝혀진 것은 더욱 놀랍다. 사람에게 길들여지지 않은 문어들이 훈련받은 문어들의 식사를 지켜보더니 이 문어들보다 더 빨리 먹는 방법을 습득하여 장애물 뒤에 놓인 먹이를 한입에 꿀꺽 삼킨 것이다. 학자들은 동물의 모방능력이 고등포유류나 몇 종류의 조류에게만 제한되어 있다고 여겨왔다.

"아직 우리는 문어의 지능 테스트에 대한 방법을 알지 못합니다." 오레곤 대학의 나탄 투브리츠(Nathan Tuvlitz)는 설명한다. "이 말은 두족류보다 우리 인간에게 더 문제가 있다는 뜻입니다."

두족류 연구를 위해 많은 수의 두족류가 사육되고 있고, 학자들은 연체동물의 사고력에 대한 해답을 찾기 위해 여러 방면으로 연구 중이다. 바다 깊은 곳에 사는 이 현명한 노인들은 우리가 그들의 존재를 명쾌하게 밝혀줄 날을 참을성 있게 기다릴 것이다.

12장
어린아이를 구한 고릴라

오늘날 자연과학의 견해를 진실로 받아들이려면
윤리가 필요하다.
유진 드류어만 (Eugen Drewermann)

위험에 빠진 인간을 구하는 고릴라, 돌고래, 고양이, 개에 관한 아름답고 감동적인 이야기 아무리 노력해도 동물의 언어를 이해할 수 없다고 불평하는 사람이라면 '행동을 보고 이해하라!' 는 옛사람들의 현명한 충고를 기억해야 할 것이다. 의외로 동물들의 습관과 행동이 놀라울 만큼 뛰어나기 때문이다. 물론 그 수준을 표현하기란 쉽지 않지만 동물들 나름대로 윤리적인 규범을 따르고 있는 것 같다.

그중 어미 고릴라 빈티 주아(Binti Jua)가 세 살배기 어린이를 구출해 낸 사건은 정말 잊을 수 없는 기억이다. 미국 일리노이 주 브룩필드 동물원에서 쿵 하는 소리와 함께 5미터 아래의 고릴라 우리로 추락한 아이는 그 자리에서 정신을 잃고 말았다. '햇빛의 딸'이라는 이름을 가진 빈티 주아는 17개월 된 새끼, 쿨라(Koola)를 등에 업은 채 떨어진 아이에게 다가왔고, 중상을 입은 아이를 안아서 우리 밖으로 넘겨주려고 했다. 함께 있던 고릴라 여섯 마리가 아이를 공격하려 했으나 빈티 주아는 무리로부터 아이를 지켜주었다. 철문 밖에서 대기하고 있던 경비원은 무사히 아이를 건네받아 바로 병원으로 후송했고, 아이는 몇 주 후 완전히 회복되었다. 건강한 몸으로 다시 동물원을 찾은 어린 방문객은 자신을 구한 어미 고릴라와 만나 기쁨을 나누었다.

여덟 살의 어미 고릴라 빈티 주아의 행동은 많은 사람들의 감동을 불러일으켰다. 당시 동물원 방문객이 찍은 비디오가 전파를 타고 전 세계적으로 방영되었으며, 수많은 잡지 표지에는 빈티 주아의 사진이 실리기도 했다.

그러자 브룩필드 동물원의 빈티 주아 앞으로 편지와 선물들이 쏟아지기 시작했다. 어린 두 소녀들은 다음과 같은 편지를 보냈다. "고릴라야, 너는 우리 모두에게 무슨 일이든 서로 돕고 살아야 한다는 사실을 보여주었어."

한편, 과학자들은 어미 고릴라의 행동보다 열광하는 사람들의 반응에 더 놀라워했다. 고릴라가 영리하고 사회적이며, 근본적으로 평화를 사랑하는 동물임은 그간의 책들과 다큐멘터리 영화를 통해 끊임없이 이야기되어 왔기 때문이다. 그러나 많은 사람들은 고릴라의 섬세함에 대해 믿으려 들지 않았다.

어느 동물학자는 "빈티 주아의 행동은 고릴라 사회에서 흔히 볼 수 있는 어미로서의 행동일 뿐, 그렇게 놀랄 일은 아닙니다. 고릴라가 인간에 대해 특별한 애정을 가졌기 때문이라고 해석하는 것은 좀 지나친 것 같습니다"라고 말한다.

유명해진 고릴라 아줌마는 이전에도 항상 인간의 아이들에게 친절했다고 한다. 빈티 주아가 임신했을 때 사육사는 인형을 이용해 어미 역할을 훈련시켰다. 아마도 빈티 주아는 이때부터 아이를 달래고 어르는 방법을 습득하였던 것 같다.

브룩필드 동물원의 고릴라 가족은 정해진 시간표에 따라 생활한다. 오전에는 가족과 함께 지내고 오후에는 새끼들끼리 모여 지낸다. 아기 고릴라들은 술래잡기 놀이를 하거나 이끼로 인형을 만들며 논다. 동물연구가들은 고릴라들이 대략 6백 개 정도의 음성으로 이루어진 어휘를 사용한다는 사실을 확인한 바 있다.

곤경에 처한 수많은 인간들이 동물들의 도움으로 구출되고 있다.

1994년 봄, 일곱 살 난 어린 소녀 가우덴치아 로페즈는 에콰도르 오코소 강변에 위치한 유리바 마을을 나섰다. 소녀는 늘 해오던 대로 무성한 열대림 속에서 나무뿌리들을 주워 모으고 있었다. 그러던 중 숲속에서 길을 잃게 되었고, 8주 동안이나 숲에서 발견되지 못했다. 소녀의 부모는 아이가 죽었을 것이라고 생각했다. 그러나 8주 후 한 사냥꾼이 소녀를 찾아 마을로 돌아왔다.

믿을 수 없는 소녀의 구출 이야기가 한 신문에 크게 보도되었다. "아침에는 원숭이들이 내 주위를 이리저리 뛰어다니며 시끄럽게 짖어대는 통에 잠에서 깼어요. 원숭이들은 내게 바나나를 던져주고, 내가 먹을 수 있게 나무덩굴을 밀어주곤 했어요. 작은 시냇가로 데려가 물도 마시게 해주었고, 호두와 바나나를 주기도 했어요. 밤에도 무서운 동물이 달려들지 못하게 지켜줬어요." 소녀는 원숭이들과 함께 정글 속을 헤매다가 마침내 사냥꾼에게 발견된 것이었다.

아르헨티나의 미션이라는 마을에 사는 세 살배기 로미나도 이와 비슷한 경험을 했다. 아이는 어느 날 오후 아무도 모르게 정원의 울타리를 넘어 사라졌다. 사라지고 나서 6일 후, 구조대원들은 아이의 집에서 3킬로미터 정도 떨어진 곳에서 쥐똥바퀴새들이 숲 속의 빈터 위를 맴도는 것을 보고 무성히 자란 풀을 헤치고 그곳으로 다가갔다. 거기서 탈수 증세로 죽어가는 로미나를 발견했다. 무릎과 종아리에는 맹수에게 물린 듯한 깊은 상처가 있었다. 아이가 쓰러져 있는 숲에서 쥐똥바퀴새 한 마리가 나뭇가지에 앉아 아이가 구조되는 상황을 지켜보고 있었다. 아이가 구조되고 나자 그 새는 하늘 높이 날아가버렸다.

위험에 빠진 인간을 구하는 고릴라, 돌고래, 고양이, 개 등에 관한 많은 이야기들은 모두 하나의 신화가 되었을 정도로 많은 사람들의 입에 오르내리고 있다. 이탈리아 해변에서는 몇백 마리의 뉴펀들랜드와 세인트 버나드, 래브라도 종의 개들이 수영을 배우며 인명 구조훈련을 받았다. 그들은 강한 파도가 몰아치는 바다에서도 성인 남자를 육지로 구조해 낸다. 훈련받은 개들은 눈사태나 무너진 건물 속에서 갇힌 희생자들을 예민한 후각으로 킁킁거리며 찾아낸다.

프랑스의 한 산림학자는 그를 따르던 영리한 개 덕분에 얼어죽을 뻔 한 위기에서 구조될 수 있었다. 스키장을 정찰하던 도중 20미터의 절벽 아래로 추락해 열 시간 동안 살을 에는 추위 속에서 눈 덮인 협곡에 꼼짝없이 갇히게 되었는데 다행히 구조견이 그를 발견해 목숨을 건지게 되었다. 구조견은 암흑 같은 어둠과 안개가 자욱한 협곡에서 여러 번 미끄러지면서도 위험에 처한 그를 발견해 냈던 것이다.

애리조나의 케이프 크릭에 사는 패드릭 트로터는 자신의 십 성원에서 일하고 있었는데 그의 개 스쿠터(Scooter)가 갑자기 뒤에서 세차게 밀었다.

"갑자기 앞으로 밀려서 하마터면 넘어질 뻔했지요." 패트릭은 당시의 일을 회상하면서, "처음엔 스쿠터를 혼내주려고 했어요. 그런데 풀숲에 숨어 있던 방울뱀 한 마리가 저를 공격할 태세임을 바로 알게 되었지요. 뱀은 제가 서 있던 바로 그 자리에 있었어요"

라고 말했다.

스쿠터는 성난 뱀과 승산 없는 혈투를 벌이면서 열 군데나 물려 결국 온몸에 독이 퍼져 힘없이 쓰러지고 말았다.

"저는 곧장 스쿠터를 병원으로 데려갔고, 제발 스쿠터를 살려달라고 신에게 빌었어요."

자유롭게 바다를 헤엄치는 돌고래 시시(Sissi)의 이야기는 동물의 빼어난 기억력에 대해 이야기해 준다. 시시는 언젠가 상처를 입고 사람들에게 치료와 보살핌을 받은 적이 있었다. 그로부터 2년이 지난 어느 날 시시는 도움을 청하러 다시 그 장소를 찾아왔던 것이다.

플로리다의 잭슨빌에 있는 해양연구소의 동물보호사 조지 웰시는 어느 날 아침 돌고래 수족관에 설치된 마이크에서 삑삑거리는 돌고래 울음소리를 들었다. 달려가 보니, 수족관 앞바다에 암컷 돌고래 한 마리가 상어의 공격을 받아 피를 흘리고 있었다. 그는 이 돌고래의 상처를 치료해 주다가 왼쪽 눈가에 있는 상처의 흔적을 보게 되었다. 2년 전에도 그는 이 돌고래를 치료해 주었던 것이다.

프랑스 앙고우레메 지방의 앵무새 블랙(Black)은 3년 전 그를 기르던 마를렌느 나우드의 집에서 도둑맞은 새였다. 그러나 블랙은 뛰어난 기억력으로 도둑의 손아귀에서 벗어날 수 있었다. 어느 날 우연히 동물 가게에 들른 그녀를 알아본 블랙은 구석에서 갑자기 소리쳤다. "여기 블랙이 있어요, 블랙이!" 앵무새는 새장 속에서 흥분하여 여기저기 날뛰었고, 심지어는 마를렌느의 강아지를 알아보고는 그 이름까지 외쳐댔다. "코코, 코코." 개 역시 앵무새를 알아보고는 새의 목에 걸린 밧줄을 잡아당기고 있었다. 그러나 가게 주인은 바르셀로나에서 사온 것이라고 딱 잘라 말했다. 신고를 받고 출동한 경찰은 블랙과 코코, 마를렌느의 기쁨에 넘치는 재회를 눈으로 확인하고는 가게 주인을 도둑으로 판정하였다. 결국 블랙은 무사히 집으로 돌아갈 수 있었다.

코펜하겐의 작은 닥스훈트 종 개는 너무도 영리하게 자신의 운명까지 바꾸었다. 수의사가 "이 개는 어떻게 손을 쓸 수가 없네요. 제 말을 믿으세요. 안락사시키는 편이 낫겠습니다"라고 말하면서 주사를 놓으려고 했다. 순간 진료대에서 뛰어내린 개는 열린 병원 문밖으로 나가 거리 저편으로 사라졌다. 그로부터 5일 후 이 개는 건강한 몸으로 집 앞에 돌아와 있었다. 수의사가 오진을 내렸던 것이다.

법원에서 판사가 판결을 내릴 때도 동물의 행동을 단서로 삼는 경우가 생기고 있다. 바드 메르겐트하임의 재판부는 어느 이혼소송에서 남자에게 여자가 기르는 푸들과 간혹 만날 수 있도록 인정해 주었다. 그러나 여자는 개가 두 사람 사이에서 혼란스러워하고 있으며, 이로 인해 정신적인 피해를 입을 거라고 주장하면서 판결에 반박하였다. 상소심에서 재판관은 동물심리 치료사를 불러 이 개의 심리 상태를 조사했다. 특별한 정신적 피해를 발견할 수 없다는 것이 치료사의 결론이었다. 그러나 이 소송을 맡은 현명한 판사는 보다 확실한 판단을 내리기 위해 열 살 된 이 개를 직접 법정에 세웠다. 목에 걸린 줄이 풀리자 개는 남자에게로 곧장 달려갔고, 그의 주위에서 떠나지 않았다. 판사는 남자의 손을 들어주었고, 남자와 개는 한 달에 두 번씩 산책을 즐기게 되었다.

다 자란 표범 한 마리가 유타 주의 여덟 살 난 소년 루이스 빌리에게 공감을 느꼈던 것일까? 소년이 친구들과 함께 잭슨 동물원에 놀러갔을 때였다. 그때 우리에서 빠져나온 표범이 소년을 물어 바닥으로 내동댕이쳤다. 그러더니 먹잇감으로 붙든 소년의 눈을 오랫동안 쳐다보고만 있는 것이었다. 당시 이 동물원을 방문했던 프랭크 센터즈는 이 장면을 가까이에서 지켜보고 있었다. 그는 표범과 아이에게 조용히 말을 걸어 성난 표범을 달래고 아이를 진정시켰다. 잠시 후 표범은 아이의 모자를 물고는 천천히 사라져갔다. 물론 곧 붙잡혔지만 말이다. 아이는 큰 부상 없이 팔에 가벼운 찰과상만을 입었을 뿐이었다.

동물원의 동물들은 인간 때문에 우리에 갇혀 지내는 신세가 되었지만, 자신들에게 친절한 의식 있는 방문객들에게는 온순하다. 표범이 프랭크 센터즈의 애정 어린 마음을 아마도 읽어낸 것은 아니었을까?

이동 우리에 갇힌 채 운반되던 고릴라 비프는 지루하게 지속되는 여행에 짜증을 내면서 더 이상 비행기를 타지 않겠다고 고집부렸다. 보스턴에서 솔트레이크로 가는 열두 시간의 비행으로 고릴라는 지쳐가고 있었다. 솔트레이크에서 시애틀로 가려던 델타에어 비행사들은 불만에 찬 17세의 고릴라가 화물칸에서 소동을 피우는 바람에 82명의 승객을 태운 채 꼼짝달싹 못 하는 처지가 되고 말았다.

"비행기에 타고 있는 승객 가운데 223킬로그램의 체중이 나가는 사람이 있다면, 그는 자신이 무엇을 원하는지 분명히 보여줄 수 있어요." 항공사 직원의 말이다. 그날 밤 비프는, 다른 동물원에서 지내게 되었고, 다음날 육로를 통해서 시애틀로 보내졌다.

야생동물들은 위험을 무릅쓰면서까지 그들을 부당하게 처우하는 인간과 직접 맞선다. 인도의 오리사 국립공원에서는 암코끼리 한 마리가 잃어버린 새끼를 찾기 위해 무리와 함께 야생동물보호소 사무실을 에워싸고 새끼를 내놓으라고 시위를 벌였다. 순찰대원들은 무리에서 혼자 뒤떨어져 나온 두 살배기 새끼 코끼리를 주변의 호랑이들로부터 보호하기 위해 잠시 우리에 두었다고 한다. 어미 코끼리는 아기 코끼리와 트럼펫 울음소리를 주고받으면서 무사함을 확인하였다. 새끼 코끼리의 울음소리를 들려주자 코끼리 떼는 기뻐하며 돌아갔고, 어미 코끼리는 쾌활한 소리로 감사의 마음을 전했다.

자식에 대한 사랑이 남다른 고래 부부가 새끼 고래를 힘들게 구출해 낸 적도 있다. 남아프리카 앞바다의 케이프 록 해변에서 사람들의 안전을 위해 친 상어 그물에 그들의 어린 고래가 걸리고 말았다. 고래 부부는 계속해서 비명을 질러대는 어린 고래를 구해 내기 위해서 안간힘을 썼으나 소용이 없자, 새끼 고래가 나올 수 있는 구멍이 생길 때까지 자신들의 육중한 몸을 그물로 날리기 시작했다. 그러고 나서 얼마 후 해변에 있던 많은 사람들이 고래 가족이 '행복하게' 수평선 너머로 사라지는 것을 지켜볼 수 있었다.

동아프리카 우간다의 토로 지방에 사는 비비원숭이 가족은 신중하지 못한 반응을 보이기도 했다. 한 농부가 그의 바나나 농장을 망가뜨리는 원숭이 한 마리를 총으로 쏘았고, 이를 지켜본 원숭이들의 복수는 엄청난 것이었다. 어느 날 밤, 농장에 모여든 수십 마리의 원숭이들이 괴성을 질러댔다. 주위 사람들의 말에 의하면 30마리가량의 원숭이들이 죽은 원숭이의 시체를 숲으로 끌고 갔다고 한다. 그러고 나서 원숭이들은 다시 돌아왔고, 농부의 집으로 쳐들어가서는 발을 동동 구르면서 문을 두드렸고, 순식간에 농부의 심장을 파낸 다음, 그것을 가지고 어둠 속으로 사라졌다.

대자연의 이치와 질서를 제대로 알고 있었더라면 이러한 비극은 피할 수 있었을지도 모른다. 유전학적으로 본다면, 원숭이들은 자신들의 선조격인 유인원의 후손을 공격한 것이었다. 농부가 야생동물을 의식적인 존재로 인정하는 사람이었다면 결코 피해를 당하지 않았을 것이다.

동물들도 사람처럼 붙잡혀 고통을 겪고, 억울하게 사형에 처해지는 경우가 있다. 흑곰 삼손은 몇 달 동안 캘리포니아의 야생동물 담당 부서의 사형 리스트에 올라 있었다. 아홉 살에 180킬로그램이나 나가는 육중한 삼손은 2년 동안 규칙적으로 로스앤젤레스 먼로비아의 주택가 앞뜰에 나타나 아보카도 열매를 따먹고, 사람들의 집 베란다에서 뒹굴며 놀았다는 죄로 사살 판결을 받은 것이다.

그러나 주민들은 검은 털의 삼손에게 점차 익숙해졌다. 안전한 베란다 문을 사이에 두고 적당한 거리만 유지하면 흑곰은 사람들에게 달려들지 않았던 것이다. 삼손이 가장 좋아하는 것은 주택에 딸린 수영장에서 헤엄치는 것이었다. 어느 주민은 커다란 흑곰의 수영 모습을 비디오로 촬영하기도 했다.

먼로비아의 주민들은 삼손의 목숨을 위해 정부 당국과 싸웠으며, 수영장에서 헤엄치는 삼손의 모습을 비디오에 담아 방송국에 보내기도 했다. 마침내 캘리포니아 주지사 피터 윌슨은 삼손을 풀어주기로 했고, 삼손은 국립동물원에서 편안한 노년을 보내게 되었다.

작은 말레이시아곰 세 마리에 관한 일화는 더욱 극적이다. 평균 1.4미터의 키와 65킬로그램의 몸무게를 가진 말레이시아곰은 동남아시아 지역에 사는 초식동물로 유난히 사람을 잘 믿고 따른다. 그러나 불행하게도 바로 이런 성격 때문에 멸종 위기에 놓이고 말았다. 아시아에서 말레이시아곰은 고급요리 재료로 이용되기 때문이다.

시드니의 카지노 매니저인 존 스테판은 캄보디아 파놈펜의 한 레스토랑에서 한국인 단체 관광객들이 1백만 원 정도를 호가하는 곰 요리를 주문하는 것을 보고 경악했다. 그 요리는 살아 있는 곰의 발바닥을 잘라 만드는 것이었다. 슈테판은 관광객들에게 웃돈을 주어 돌려보냈고, 세 마리의 말레이시아곰들을 그 자리에서 구입하여 시드니의 타롱가 동물원으로 보냈다. 말레이시아곰들은 새끼를 잘 낳지 못한다고 알려져 있었지만, 시드니로 이주한 곰들은 곧 건강한 새끼들을 출산했다.

구출된 곰들은 동물원의 우리에 갇혀 지내면서 이상한 행동을 보였다. 뒷발을 빨면서 흐느껴 우는 것이었다. 그들은 마치 아시아의 미식가들이 자신들의 발바닥을 찾는다는 사실을 아는 것 같았다.

동물들도 인간의 도움에 대해 감사할 줄 안다. 독일 슈바벤의 작은 마을에서 생활용품 가게를 하던 얼진 핀크는 어느 날 아이들의 비명소리에 놀라 밖으로 뛰쳐나갔는데, 닭 한 마리가 개울에 빠져 죽어가고 있었다. 핀크는 의식을 잃은 닭을 건져냈다. 그리고 바로 인공호흡을 시키고 응급조치를 해주었다.

닭은 물을 토해 내고 극적으로 살아났다. 핀크는 살아난 닭을 주인에게 돌려보냈다. 그런데 놀랍게도 닭장에 둘러진 4미터 높이의 울타리를 뛰어넘어 닭은 생명의 은인인 핀크 앞으로 비틀거리면서 다가왔다. 닭이 표현한 고마움에 감동한 핀크는 그 닭을 '루겔'

이라고 불렀다. 루겔은 매일같이 그를 찾아왔다. 그리고 핀크는 매일같이 루겔을 사는 집으로 돌려보냈다. 루겔은 핀크를 찾아올 때마다, 그의 가게 앞에 놓인 바구니 안에서 몇 분 동안을 앉아 있었는데, 언제나 즐거운 소리를 지르며 그 안에 멋진 달걀을 낳았다.

겨울이 되자 농부는 닭들을 닭장 속에 모두 가두었다. 다시 봄이 왔고, 루겔은 닭장에서 나오자마자 다시 생명의 은인을 찾아갔다. 핀크는 겨우내 닭장 속에서 루겔이 낳아준, 감사와 애정이 듬뿍 담긴 달걀 3백 개를 아침식사 때마다 즐길 수 있었다. 나이 든 루겔이 더 이상 알을 낳을 수 없게 되자, 핀크는 주인에게서 루겔을 사들였다. 루겔은 핀크의 가족이 되어 고양이들과 정답게 어울리면서 7년을 더 살았다. 루겔이 아플 때는 동물병원으로 데리고 가기도 했다. 암탉 루겔은 핀크가 지켜보는 앞에서 숨을 거두었다. 핀크는 루겔을 박제하여 그 모습이나마 곁에 두고 있다.

"루겔은 아직도 저와 함께 있어요. 저는 루겔을 통해서 동물도 인간처럼 감정을 가진 존재라는 사실을 배웠지요. 우리에겐 언어도 필요 없었지요. 서로 마음을 읽어냈으니까요."

이 책에 나오는 인간과 동물의 놀라운 관계에 대한 이야기들은 우리에게 인간과 동물 모두 평등한 생물체이며, 생태계를 구성하는 하나의 일원임을 깨닫게 한다. 자연을 지키기 위해서는 바로 이러한 사실을 체험하는 것이 무엇보다 중요하다. 자연보호를 호소

하거나, 벌금을 물리는 식의 단순한 방법으로는 충분하지 않다. 인간은 자연에게 막대한 피해를 입히며 살아왔다. "당신이 원치 않는 것이라면, 생물체에게도 강요하지 말라!" 자연보호법은 이렇듯 인간과 생물체의 대등한 공식을 기본으로 해야 한다.

죽은 닭이 대통령의 생명을 구하다

1962년 8월, 프랑스의 드골 대통령과 영부인이 탄 리무진이 괴한들의 습격을 받았다. 경호원 한 명이 죽고, 리무진은 벌집처럼 총알받이가 되었지만, 대통령 내외는 다치지 않았다. 암살자들은 바로 체포되었고, 암살을 계획하고 지시한 지도자는 처형되었다. 시간이 흐른 뒤 한 역사학자가 대통령 암살 계획이 수포로 돌아간 이유에 대해서 밝혔다. 암살 모의자들은 대통령 내외가 탄 리무진이 지나갈 길목에서 기다리며, 리무진이 지나갈 시간까지 미리 계산하고 있었다. 그런데 그날따라 영부인 이본느가 출발을 지체시켰다. 그녀는 그날 저녁 집에서 닭요리를 하려고 냉동실에 넣어두었던 닭고기를 챙기느라 남편을 기다리게 했다. 결국 차가 지나간 시간은 해 저문 저녁이라서 총알이 어둠 속에서 목표점을 빗나갔던 것이었다. 한바탕 소동이 가라앉자 영부인은 닭고기가 든 가방을 살폈다. "닭이 총에 맞지 않았어야 하는데……."

13장

동물들의 슬픔과 고통

여기 개 시트론이 누워 있다. 그는 이 나라에서 가장
충직했고, 마치 주인처럼 용감했다. 그러나 그보다 훨씬
더 영리했다.
볼로냐의 어느 묘비문에서

**미테랑 대통령의 죽음을 슬퍼하다 굶어죽은
개와 수치심으로 굶어죽은 서커스단의 사자에
관한 이야기**

가깝게 지내던 동물의 죽음은 우리의 가슴을 매우 아프게 한다. 그러나 동물들은 따르던 주인의 죽음을 인간보다 더 슬퍼한다. 미국 작가 제프리 매슨(Jeffrey Masson)은 그의 책 『개는 절대로 사랑을 기만하지 않는다(Dogs Never Lie About Love)』에서 여섯 살 된 소년의 끔찍한 사고에 대해 쓰고 있다. 어느 축제에 참가한 소년이 입고 있던 카우보이 복장에 불이 붙어 중상을 입게 되었다. 소년이 병원에서 죽음에 맞서 싸우고, 11리터의 수혈을 받고

있는 동안 그의 개 우시(Woosie)는 모든 음식을 거부했다. 의사들의 온갖 노력에도 불구하고 소년이 눈을 감자, 우시는 병원 구석으로 기어가더니, 두 시간 후에 소년의 뒤를 따랐다.

스페인의 눈 먼 개 카넬로(Carnello)는 주인이 심장마비로 죽자, 그 사실을 받아들일 수 없다는 듯 7년 동안 노인이 죽은 병원 앞 현관에 앉아 있었다. 동물보호소 직원이 카넬로를 동물고아원으로 보냈으나, 카넬로의 슬픔은 동네 사람들을 감동시켰다. 그들은 돈을 모아 카넬로에게 예방주사를 맞히고, 보호원을 채용해 카넬로를 보호하도록 했다. 건강을 되찾은 카넬로는 다시 병원으로 돌아갔고, 꼼짝 않고 병원 현관 앞에 앉아 있는 카넬로에게 동네 사람들을 번갈아가며 먹이를 가져다 주었다.

1996년 1월, 래브라도 리트리버의 사진 한 장이 전 세계에 감동을 주었다. 프랑스 대통령 프랑수아 미테랑의 개였던 발티크(Baltique)는 슬픈 눈으로 주인의 장례 행렬을 뒤따랐다. 미테랑 대통령의 관은 여섯 명의 군인들에 의해 옮겨졌는데, 그가 남긴 유언장에는 자신의 장례식에 발티크를 참석시켜 달라는 구절이 있었다. 장례식 이후, 아홉 살 난 이 개는 먹을것을 거부하고, 밤낮없이 신음하였다. 미망인인 다니엘라 미테랑 역시 발티크를 위로할 수 없었다. 발티크는 엘리제 궁에서 대통령의 사랑을 받으며 8년을 보냈고, 중병으로 앓아누운 그의 마지막 날까지 함께한 진정한 위로자였던 것이다.

3백 년 전, 마리 앙투아네트가 파리에서 단두대에서 처형 당할 때, 그녀의 개는 처참했던 그녀의 모습을 보지 못했다. 그리고 사라진 여왕을 그리워하며 2년 동안 주인이 돌아오기만을 기다렸다. 하지만 불행하게도 이 개마저 어느 폭군에 의해 참혹한 죽음을 맞고 말았다.

세계적으로 유명한 개의 전설 가운데 단연 뛰어난 영웅은 스코틀랜드의 셰퍼드 보비(Bobby)이다. 1858년 그의 주인인 '올드 잭'이 죽었을 때, 아직 어렸던 그 개는 에딘버그의 묘지까지 장례 행렬을 뒤따랐고, 주인이 땅에 묻히자 그 무덤 옆에 자리를 잡고 움직이지 않았다. 보비는 시간이 흘러도 여전히 그 자리를 지켰으며, 무덤을 찾는 사람들이 준 먹을것으로 연명하며 주인의 곁을 떠나지 않았다. 보비는 14년 동안 그 자리를 지키다가, 1872년에 마침내 세상을 떠났다. 무덤 옆에 세워진 개의 동상이 아직까지도 보비의 기나긴 슬픔에 대해 알려주고 있다.

슈페스자르트 강가의 작은 휴양도시인 바트 오르프에서 양봉업을 해오던 클리우스 발터는 갑작스럽게 세상을 떠났다. 그는 살아 있을 때 키우던 벌에게 모든 사랑을 쏟았다. 장례식이 끝나고 하객들이 모여 고인을 위로하는 연회를 가졌는데, 막내딸 카린은 먹고 마시는 그 분위기가 너무 싫어 아버지를 잃은 슬픔에 조용히 아버지의 무덤으로 발길을 돌렸다. 혼자서 조용히 작별인사를 하고 싶었기 때문이었다. 그때였다. 갑자기 공중에서 윙윙거리는 소리가 들려왔는데, 수백 마리의 벌들이 무덤으로 몰려와 십자가에 앉는 것이었다. 벌들은 3일 내내 그의 무덤 곁에 머물다가 다시 돌아갔다.

인간을 제외한 대부분의 생명체가 자신의 영혼이 흙으로 돌아갈 때를 본능적으로 알고 있다고 한다. 인간들은 삶 속에서 어렵게 발견하는 진리이지만, 동물들은 이미 알고 있는 것이다. 동물들은 끊임없이 반복되는 자연의 순환인 삶과 죽음이라는 근본적인 사실을 절대 잊지 않는다.

하지만 어떤 동물들은 사랑하는 존재의 죽음에 대해 매우 슬퍼하고, 그 죽음을 받아들이려 하지 않는다. 애완동물들은 인간에게서 죽음에 대한 두려움을 배우고, 누군가가 죽었을 때 가족으로서 슬픔을 표현한다. 우리에 갇힌 맹수들도 주변 환경을 자세히 관찰해 보고 자신에게 강요된 상황에 재빨리 적응한다. 하지만 가끔은 타고난 천성대로 행동하는 동물들도 볼 수 있다.

본능을 이기지 못하고 곡예사를 죽인 서커스단의 사자 시저(Ceaser)는 그날 이후로 식음을 전폐하고 우리에서 굶어 죽었다.

루마니아의 '잠보' 서커스단이 쿠웨이트에서 공연할 때, 시저는 곡예를 하다가 실수를 하였다. 화가 난 시저는 곡예사 엘레나 티파의 목덜미를 물어뜯어 죽였다. 하지만 사자는 자신의 실수를 바로 느꼈는지 미동도 없이 죽은 시체 옆에 누워 음식마저 거부했다.

서커스단의 단장인 죽은 티파의 남편은 "아마도 시저가 죄책감을 느꼈던 것 같습니다"라고 말하면서 사자의 실수에 대해 책임을 물리지 않았다.

죽음이라는 주제는 아직 우리 사회에서 극복될 수 없는 부분이다. 고대 선사시대와 동시대의 종족 사회에서 탄생과 죽음은 위대한 우주질서로 자연스럽게 받아들여졌지만, 이후 사람들은 영혼이나 정신세계에 대해 받아들이기를 거부한다. 즉, 인간을 단지 육체적인 존재로 여기고, 죽음을 삶의 끝이라고 여기며 두려워한다. 때론 이러한 두려움이 인간의 주변에 있는 동물들에게 전해지기도 한다. 아픈 애완동물이나 우리에 갇힌 야수들을 볼 때 사람들은 매우 혼란스러워한다. 그렇기 때문에 자연스러운 생의 순환으로서 죽음을 받아들이지 못하고 억지로 삶을 연장시키려고만 하는 것이다.

모든 생명체는 강한 자기보호본능을 가지고 있기 때문에 스스로 위험에 빠지는 상황은 피한다. 그러나 인간처럼 죽음을 두려워하지는 않는다.

아시아나 아프리카의 동물 지대에는 거대한 동물 묘지가 있는데, 코끼리나 라마, 치타 등의 동물들은 죽음이 임박해 오면 그곳을 찾는다. 늙고 병든 영양이 이동 중인 자신의 동료들에게 해를 입히지 않으려고 일부러 맹수에게 자신을 바치기도 한다.

반면에 서부 세계의 동물 묘지는 인간의 두려움과 희망을 반영하는 거울 같다. 풀이 무성하게 우거진 파리 센느 강변의 아슈니에르 섬에는 수천 마리의 개와 고양이들이 이끼로 뒤덮인 대리석 관이나 비석 아래 묻혀 있다. 묘비에는 그들의 사진이 박혀 있고, 이들의 장례식에 격식을 갖춰 장례식 복장을 하고 나서는 사람들도 있다.

불치병에 걸려 중환자실에 누워 있는 사람들이 장엄하고 고상한 작별을 하지 못하고 의학에 의존하여 생명을 모질게 이어가는 것처럼, 사람들은 종종 동물의 목숨까지 이런 참기 어려운 방법으로 연장시키려고 한다.

동물의 죽음은 동물이 누려온 삶처럼 개인적이며 독립적인 것이다. 그 누구도 죽음을 지시하거나 결정할 수 없다.

동물들 중에는 언제, 어떻게, 그리고 어디에서 죽을지 스스로 결정하는 동물이 많다고 한다. 고양이는 집을 나가 다시 돌아오지 않고, 개는 먹기를 거부한다. 마치 사고처럼 보이는 일도, 어찌 보면 스스로 내딛은 죽음의 발자국인지도 모른다.

신학자와 심령술사 또는 물리학자들의 말이 맞는다면, 의식이라는 것은 무제한적이며 사라질 수 없는 것이다. 애초부터 죽음이 단지 존재하는 상태의 변화에 불과하다면, 그것이 왜 인간만을 위한 것이겠는가? 하지만 인간은 삶과 죽음 사이의 관계에 대해서 잘 모른다. 현세 너머의 존재를 알지 못한다. 시공을 초월한 의식을 가진 영혼의 존재에 대해 설명하지 못한다.

우주 생성의 수수께끼 이외에 의식을 향한 추구 역시, 인간 정신에 대한 연구 의욕을 불태우는 것이다. 이로써 인간은 끊임없이 자신의 존재를 탐구하게 된다. 탄생과 죽음은 우리 존재의 중요한 정거장이라고 할 수 있다. 우리는 멋지고 새로운 관점을 배워가면서 자신의 존재를 탐구해 나간다.

죽음은 언제나 슬픔과 고통을 수반한다. 이에 사랑하는 동물의 죽음에도 느긋하게 대처할 수 있어야 한다. 그저 살아 있을 동안 동식물들이 우리의 삶을 윤택하게 해주었던 것에 행복해하고 감사해야 할 것이다.

14장
인간에게 새로운 삶을 선물하는 동물들

삶에 만족하는 사람들은 오래 산다. 동물들 역시 그렇다.
임레 쿠스츠트리히(Imre Kusztrich)

의식불명 상태에 빠진 환자의 삶을 구한 세터 종 사냥개와 우울증 환자를 낫게 한 앵무새, 아픈 아이들의 친구 돌고래에 관한 이야기

어느 여인의 운명에 대해 이야기하려 한다. 달리는 기차에 치인 그녀는 목숨이 위태로울 정도로 중상을 입고 의식불명 상태에 빠졌다. 그녀는 2주 동안 응급실에서 지내다가 결국 신경과로 옮겨졌다. 의사와 간호사, 가족들이 깊은 잠에 빠진 그녀를 깨우기 위해 모든 노력을 해보았지만 잠든 그녀를 깨울 수는 없었다. 그러던 어느 날, 그녀가 아끼던 세터 종 사냥개인 토미(Tommy)가 병실로 몰래 숨어 들어왔다. 토미는 재빨리 여주인의 침대로 뛰

어올라 그녀에게 바짝 몸을 갖다 대고는 얼굴과 손을 핥기 시작했다. 의사들의 시각으로 볼 때 이 행위는 비위생적이고 심지어 환자의 상태를 악화시킬 만한 것이었지만, 바로 이때 기적이 일어났다. 누워 있던 엘리자베스가 의식불명에 빠진 지 42일 만에 처음으로 눈을 뜬 것이었다. 더군다나 놀란 가족들이 지켜보는 앞에서 활짝 미소까지 지었다. 그부터 엘리자베스는 회복 속도 빨라지기 시작했다. 이후 재활병동으로 옮겨진 그녀는 몇 주 후 건강한 몸으로 퇴원할 수 있었다. 물론 이런 기적이 엘리자베스 한 사람에게만 일어난 일은 아닐 것이다. 독일에서는 해마다 약 5만 명이 사고나 병으로 의식불명 상태에 빠지는데, 의식이 돌아와 살아남았다 해도 예전과 같은 상태로 회복되는 경우는 거의 없다. 수년 동안의 재활 기간을 거친다고 해도 그중 대부분의 사람들이 예전과 같은 건강한 몸으로 돌아오지 못한다.

엘리자베스와 그녀의 개 토미의 이야기처럼 동물의 사랑으로 질병 또는 고통에 시달리던 인간이 완치된 사례는 무수하다. 스위스에 있는 응용 윤리학과 동물심리학협회에서는 동물치료와 동물 방문 프로그램을 소개하기 위해 의사와 심리학자, 사회사업가와 간병인에게 세미나를 발표했다. 동물학자 데니스 터너(Denis Turner) 박사는 개와 고양이가 정신 병동이나 노인 병동, 소아 병동에서 환자들의 상태를 호전시키는 적합한 치료 전문가들이라고 말한다.

그동안 동물치료에 관한 연구는 오스트레일리아에서 가장 활발하게 진행되어 왔다. 병자를 위해 헌신한 맹인안내견 출신의 허니(Honey)는 전국적인 유명인사가 되었다.

멜버른의 한 병원에서 동물치료사로 활약하는 허니는 정말 자신의 일을 즐기는 것처럼 보인다. 허니는 환자들과 만나는 것을 좋아한다. 휠체어를 탄 환자들과 함께 아침마다 공원을 산책하고, 음악치료와 재활치료 시간에도 함께한다. 모든 전문치료사들도 허니가 좋은 치료사라는 사실을 인정한다. 노인들을 즐겁게 해주고 환자가 원할 경우 허니는 침대 위로 올라가 자신을 쓰다듬게 해 몸을 움직이도록 해주기 때문이다.

심리학자와 의사, 간호사들은 6개월 동안 허니의 행동을 기록했다. 연구자들은 허니의 부드러운 몸짓, 나지막하게 그르렁대는 목소리, 허니에 대한 환자들의 태도뿐만 아니라 환자와 환자, 환자와 간병인, 환자와 간호사 등 다른 사람들의 관계까지도 낱낱이 기록했다.

시간이 지날수록 환자들은 점차 밝아지기 시작했다. 간병인이나 다른 환자들을 대하는 태도도 적극적이 되었고, 삶에 대한 의욕도 생겨났다.

실험을 시작하기 전, 의사와 간병인들은 큰 기대를 하지 않았다. 어쩌면 허니가 환자의 상태를 악화시키고 성가신 일들을 저질러서 그렇지 않아도 격무에 시달리는 간호사들에게 짐만 될지도 모른다고 걱정했다. 그러나 연구와 관찰이 진행될수록 모든 걱정들은 씻은 듯이 날아가버렸다. 어떤 문제도 일어나지 않았고, 실험은 매우 성공적이었다.

학습장애는 동물을 통해서도 치유될 수 있다. 교실에서 토끼를 기른다고 하자. 아이들은 토끼와 함께 일상생활에서 이루어지는 다양한 경험을 한다. 장애아동들이 동물을 쓰다듬고 만지면 감정 영역이 발달하기 때문이다. 말을 보살피고 기수가 말과 주고받는 교류와 의사소통이 육체적, 정신적으로 큰 기쁨을 준다는 것은 이미 오래전부터 알려진 사실이다. 말은 수천 년 이상 인간과 함께 살면서 인간의 내적 치유에 큰 역할을 담당해 왔다. 달리는 말은 삶의 원동력을 전달해 주고, 동맥경화증 환자나 경련 환자의 치료에 좋은 영향을 끼친다. 또한 말과의 육체적 접촉은 소녀들에게 성적인 감정을 발전시킨다. 말이 몸을 통해 보여주는 언어를 이해할 수 있는 사람, 그들의 눈을 읽고, 그 부드러운 몸짓이 무엇을 말하는지 알 수 있는 사람은 그들이 얼마나 우리 곁에서 우리를 가까이 느끼고 있는지 확실히 알게 될 것이다.

최초의 인류는 실업자도 아니었을 뿐더러 부채도 없었고, 사랑하는 이에게 버림받는 쓰라림도 겪지 않았을 것이다. 그러나 오늘날의 인류는 계속되는 변화로 스트레스를 받으며 얼룩으로 점철

된 삶을 살아가고 있다. 행복한 결혼이 파탄으로 끝이 나고, 일자리를 잃거나 회사의 부도로 설자리를 잃는다. 인간은 그저 두려움에 가득한 나약한 존재로 전락하고 말았다. 그 결과 정신적으로 황폐해지고 정서적인 장애가 나타나 종종 육체를 병들게 한다. 그러나 이럴 때 우리 곁에서 조용히 숨쉬고 있는 사랑스러운 동물이 우리를 치유하며 안정시킨다.

빌 클린턴과 영부인 힐러리는 딸이 캘리포니아에 있는 대학으로 진학하자 생후 석 달 된 갈색의 래브라도 리트리버 버디를 백악관으로 들였다. 대통령의 고양이 석스는 나이 때문인지 개와 함께 지내야 한다는 사실을 너그럽게 받아들였다. 석스는 버디보다 먼저 백악관의 식구가 되었는데, 아마 버디를 나름대로 교육시킬 수 있을 거라고 생각했던 듯하다.

미국의 사회학자 에리카 프리드만(Erika Friedmann)은 일과를 마치고 집으로 돌아왔을 때 애완견이 기뻐하는 모습을 보는 사람들의 혈압을 재고 그 변화를 측정해 보았다. 극도로 높았던 혈압은 순간적으로 보통 수준으로 내려갔고, 때로는 그보다 더 아래로 떨어지기도 했다.

동물과 함께 지내면 질병과 멀어지고, 회복이 빨라지며, 소소한 기쁨을 맛보게 된다.

일반적으로 혼자 사는 사람은 여럿이 함께 사는 사람들보다 일찍 죽는다. 우리의 영혼과 육체는 사랑하는 존재와의 좋은 관계를 필요로 한다. 인간이 외로움을 이길 수는 없다. 휴식을 취해도 해소되지 않는 경련 또는 마비, 긴장 상태로 인해 심장 순환기에 무리를 주게 된다. 현대 사회의 고립과 스트레스, 그로 인한 각종 병마와의 힘겨운 싸움들을 동물에 대한 사랑으로 이겨내는 사람도 적지 않다. 애완동물들은 고통스럽고, 답답하고, 불행한 대부분의 사람들을 위로하는 힘을 가지고 있다. 동물은 우리가 알지 못하는 어떤 파장을 이용하여 우리에게 자신이 진정한 친구라는 신호를 내보낸다.

아픈 이들에게 동물치료가 효과적이라는 것이 판명되자, 스위스의 양로원과 병원에서는 고양이, 개, 토끼, 새, 물고기 등과 같은 동물들을—콘라드 로렌츠 휴양소의 연구 결과에 따라— '사회보호 파트너' 로 투입하려는 계획을 세우고 있다. 집에서 기르는 애완동물은 무관심과 소외에 맞서 싸우도록 도와준다. 그들은 시간을 내주고, 노년의 기억력 감퇴와 치매도 예방해 준다.

독일의 양로원이나 휴양원의 의사들은 동물들이 병실의 분위기를 밝게 한다는 것을 확인하였다. 동물을 데려오는 환자들은 다른 환자보다 안정되어 있고, 스트레스나 두려움을 덜 느낀다. 그들은 다른 환자들보다 더 안정적이고 사려 깊으며, 더 많은 삶의 의욕을 가지고 있다. 애완동물은 모든 사람들에게 친구가 될 수 있다. 특히 노인들에게 필요하다. 그래서 심리학자들은 애완동물을 병원에 데리고 오지 못하게 막는 것은 비인간적이라고 말한다. 아직까지 국가에서 운영하는 노인복지재단에서의 동물 사육은 대부분 금지되어 있는 실정이다.

개와 고양이는 슬픔과 기쁨을 느낀다. 가장 오래된 대뇌변연계는 인간과 마찬가지로, 그들에게도 감정과 동기를 위한 기관이다. 동물을 키우는 사람은 저항력을 가지고 있어서 병도 빨리 나으며, 더 만족스럽고 더 안정적이라는 것이 학문적으로 입증되었다. 그들은 의학적으로 면역체계 강화를 위해 필수적이라고 알려진 삶에 대한 낙천적인 입장을 가지고 있다. 동물과 친밀한 사람은 삶의 의욕도 강하다. 동물을 기르는 자와 그 동물 사이에는 서로를 위하는 마음이 싹튼다. 그러나 동물은 주인에게 사랑받아야 한다. 따라서 자기에게 적당하고 어울리는 동물을 선택하는 것도 중요하다.

개를 데리고 매일 산책함으로써 부족한 운동량을 채울 수 있고, 애교를 부리는 고양이를 통해 긴장감을 완화시키며, 수족관을 바라보면서 삶의 의욕을 불러일으킬 수도 있다. 대부분 이러한 결과들은 의료 기술이나 자기훈련 같은 특별한 노력으로 얻을 수 있는 것들이다. 아이들에게 생기는 우울증이나 자폐증 등의 심리장애나 운동 부족, 심장마비, 혈액순환 등의 장애는 많은 질병을 야기하는데, 여러 의사들의 의견에 따르면 소아 질병을 예방하는 데 동물들이 많은 도움을 줄 수 있다고 한다.

네덜란드에서 진행된 연구에 따르면, 애완동물과 긴밀한 관계를 유지하는 아이들의 학습능력은 그렇지 못한 아이들보다 좋다고 한다.

개는 인간의 육체적인 활동을 촉진시켜 건강하게 만든다. 많이 걷는 사람은 심장마비에 걸릴 확률이 낮기 때문이다. 고양이를 쓰다듬는 것은 혈압을 떨어트리는 효과가 있다. 종달새의 종알거림은 긍정적인 마음을 갖게 해주며, 물고기의 평화로운 움직임은 여유를 전해 준다. 또한 애완동물은 사회적인 관계 형성에도 기여한다. 개를 기르는 사람들은 마치 아이를 데리고 놀이터에 나온 엄마들처럼 서로 친밀감을 느낀다. 개와 고양이는 너무나 놀랍게도 주인의 생각을 정확히 읽어내며, 주인의 모든 움직임을 이해한다. 왜냐하면 그들에게는 무의식적으로 보내진 육체의 신호를 감지하는 섬세함이 있기 때문이다. 애완동물의 긍정적인 성향을 밝히는 수많은 연구가 이루어졌다. 그것을 요약하자면 다음과 같다.

동물에 대한 사랑은 특별한 치유력을 지닌다. 사랑하는 존재는 특별한 관계를 만들고 기적을 일으키게 마련이다. 그러나 사람만이 도움을 받는 것은 아니다. 개나 고양이도 인간의 사랑으로 인해 마음의 안정을 찾기 때문이다.

독일 수상인 헬무트 콜은 연방의회의 직무실 책상 옆에 큰 수족관을 두었다. 물고기들은 유리벽 바깥의 고위직 방문객들에게 별 관심을 보이지 않았다. 그들은 언제나 조용히 헤엄칠 뿐이었으며, 어떠한 유혹에도 그 침묵을 포기하지 않는다. 콜 수상과 1천만 명의 국민들은 이 물고기들을 통해 섬세함과 균형을 유지하는 생물학적 규칙사슬을 배우고 있는 것이다. 물고기들은 먹이가 없거나, 빛이 적거나, 산소가 부족하거나, 물이 너무 차가울 때 동요한다. 그들의 민감한 반응을 이해하지 못한 사람은 차갑게 떠오른 그들의 슬픈 눈을 보게 될 것이다. 물고기들의 부드러운 움직임은 평온함과 안정감, 자유를 느끼게 한다. 작고 알록달록한 그들의 세상은 우리가 너무 지나쳐버린 태곳적 우주의 일부분이다.

노벨상 수상자인 콘라드 로렌츠의 마지막 방문객 중 한 명이었던 나는 그의 집 어두운 방 안에 놓인 엄청나게 큰 수족관을 보았다. 콘라드는 3만 2천 리터의 물을 담은 이 수족관 안으로 들어가, 아름답게 빛나는 알록달록한 나비 물고기, 황제 물고기들을 가까이서 관찰한다. 그는 그 물고기들을 흐뭇하게 지켜보면서 남은 생을 즐겼을 것이다.

영리한 돌고래들 역시 좋은 치료사이다. 멕시코와 플로리다에서는 정신장애가 있는 아이들, 즉 외부세계로부터 고립되어 있거나, 출생이나 사고로 인하여 정신적인 피해를 입은 아이들이 돌고래와 놀면서 치료를 받는다. 인내할 줄 아는 돌고래와 접촉함으로써 어린 환자들은 자기신뢰를 얻고, 여유를 되찾으며, 자신에게 집중하게 된다. 그들은 다시 말을 하고, 감정을 교류하며 기억을 제대로 배열시키는 법을 배운다.

치료사는 우선 아이들에게 물에서 균형을 잡게 하고 물에 떠서 돌고래와 함께 노는 법을 가르친다. 그런 후에 근육 운동을 하고, 돌고래 등에 탄다. 돌고래들은 초음파를 통해 물속의 장애물 위치를 탐지한다. 그리고 그 초음파 기관을 통해 아이가 가진 육체의 비정상적인 부분을 알아차린다. 돌고래 트루시(Trusi)는 부모가 물에 내려놓은 눈 먼 아이에게 헤엄쳐 갔다. 트루시도 애꾸눈을 가진 돌고래였다.

치료사들은 돌고래를 이용한 치료에 다음과 같은 두 가지 사실을 활용하고 있다. 첫째, 아이들은 어른들보다 주의력이 깊다. 둘째, 돌고래는 매우 영리하며 섬세하다는 사실이다. 치료사들은 아이에게 칠판을 가져다 주고 그림을 그리게 한다. 장애의 정도에 따라 다양하고 단순한 상징들이 그려지고 나면, 그림에 대해 말하도록 한다. 원하는 대답을 하는 아이에게는 돌고래를 어루만지고 등에 탈 수 있는 상이 주어진다. 아이들은 멋지게 헤엄치는 이 친구를 너무나 좋아하기 때문에, 다른 어떤 상보다 효과적이다. 이 방법은 지체장애아에게도 적용할 수 있다. 휠체어만을 의지하던 아이들이 돌고래 치료를 통해 다시 두 다리로 서게 된 경우도 있다.

돌고래는 함께 있는 사람의 정신과 영혼의 상태를 감지할 수 있고, 그들의 육체 언어를 이해하며 아이가 지루해하는지 아니면 주의력이 없는지 정확하게 알아차린다. 그리고 그들의 관심을 불러일으키고 병적인 고독 상태에서 구해 주기 위해 애쓴다. 현재 돌고래 치료를 신청한 아이들은 몰려들지만, 아이를 치료할 돌고래 치료사의 수는 너무 적어 대기자 수만 해도 엄청나다고 한다.

돌고래의 인기는 식을 줄 모른다. 돌고래는 장애를 치료하는 치료사일 뿐만 아니라 스트레스를 다룰 줄 아는 철학가이자, 여유 있는 달인이다. 캘리포니아의 컴퓨터 전문가들과 돌고래 연구가들, 신경학자들이 기구를 설립하고 전설적인 '서브스탄티아 니그라', 즉 검은 두뇌 물질에 대해 연구하고 있다. 이 물질은 '고도의 정신 작용'을 담당하고 있는 것으로, 지구상에 있는 생명체 중 단지 두 종류의 포유류에만 있는 것이다. 그 두 포유류는 바로 인간과 돌고래이다.

돌고래의 지능에 대한 비밀은 놀기 좋아하는 적극적인 성격에 있는 것처럼 보인다. 돌고래는 호기심이 많다. "힘차게 생각하라, 그리고 그에 맞게 행동하라." 이 말이 돌고래 나라의 슬로건이 아닐까?

미국의 매니지먼트 트레이너인 폴 코르디스와 더들리 린치는 최소 4만 년 전 이래로 인간과 인간의 가족 집단 또는 인간이 만든 상업적이고 사회적인 조직들은 세상에 자신들을 드러내기 위해 두 가지 전략을 사용해 왔다고 주장한다. 그 하나는 '잉어'의 전략이고, 다른 하나는 '상어'의 전략이라고 말한다. 잉어와 상어는 자신이 결핍된 세상에 살고 있으며, 무엇보다 먹이가 부족하다는 사실을 알고 있다. 폴과 더들리의 연구에 따르면, 부족하다고 느끼는 것이 무엇인가에 따라서 무엇을 얼마만큼 가질지가 결정된다고 한다. 잉어는 잠수를 하여 자신이 무언가 얻을 수 있을 때까지 기회를 기다린다. 상어는 먹잇감을 직접 공격해서 획득한다.

동물학자들은 우리가 매서운 입을 가진 상어의 모습이나 두려움 많은 잉어의 모습, 이 두 가지 모두를 잃지 말아야 한다고 충고한다. 그래서 자유를 상징하는 돌고래의 모습은 우리 인간에게 건설적이고 창의적으로 살아가라고 이야기하는 것 같다. 돌고래는 순조롭게 조류의 흐름을 타기도 하고, 때로는 그에 맞서서 헤엄치기도 한다. 그러면서 그들은 긴장을 푼다. 우아하고 재치가 풍부한 돌고래들의 사랑, 삶과 일은 특별히 구분되어 있지 않다. 그들은 원하는 것을 얻지 못했더라도 연연해하지 않으며 독특한 방법으로 인생의 행로를 바꾸기도 한다.

우리는 돌고래에게서 효율적이고 기쁨에 넘치는 노동 의욕과 활발하면서도 여유로운 태도를 배울 수 있다. 일이 제대로 풀리지 않을 경우 돌고래는 새로운 것들을 시도한다. 인간이 문제를 합리적인 영역에서만 풀려는 것과 달리, 돌고래는 감정적이고 창의적으로 문제를 해결한다. 바다 속의 우리 이웃인 돌고래에게 배울 수 있는 것은, 중요한 인식들이 모두 극적인 고통을 통해서만 얻어지는 게 아니라는 사실이다. 돌고래의 의식은 순간에 대한 완전한 몰두이며, 믿음에서 비롯된 평안이다.

자유로운 돌고래와 하루를 함께하며 바다 속의 우주를 경험하는 행운을 누렸던 사람들은 이후 완전히 달라진 모습을 보인다. 바다 속의 우주는 사람의 중력을 감소시킨다. 물속을 떠다니는 것은 자궁 속에 있던 태아 시절을 연상시키고, 이 새로운 경험은 소중한 감각들을 일깨운다. 또한 소나 시스템(수중탐지 시스템)을 통해 돌고래의 울음소리를 비롯한 낯선 수중 소음을 듣게 된다. 이때 두뇌 활동은 갑자기 감소되고, 신경질적인 베타 파장은 안정을 찾으며, 명상적인 알파와 델타 파장이 전달된다. 우리를 안정시키는 물질이 뿜어져 나오고, 면역체계가 자극을 받는다. 돌고래와의 만남은 이렇게 내면의 안정과 깊은 감정을 이끌어내고, 치유력을 높이며, 지금까지와는 전혀 다른 방식으로 편안함을 제공한다.

뛰어난 치유력을 가지고 있는 돌고래이지만 모든 환자들에게 다 적용할 수는 없다. 이에 연구자들은 인간과 돌고래의 접촉에서 개별적인 요소들을 분석하고 평가하여 인공적인 모방 프로그램을 만드는 데 성공했다. 멕시코의 칸쿤 컨벤션센터의 방문객들은 우선 파노라마 화면으로 돌고래들의 인사를 받는다. 다음 단계에서는 그 돌고래들의 친절과 타고난 미소, 뛰어난 지능, 예술적인 몸짓 등을 보게 된다. 그곳의 안내원들은 중력을 감소시키고 압박받고 있는 신체 부위를 치료할 수 있도록 특별 고안된 욕조로 방문객들을 데려간다. 그들은 이곳에서 특별 제작된 안경을 끼고 3차원의 홀로그램을 보게 되며 헤드폰을 통해 돌고래들의 소리를 듣는다. 또한 특수한 장치가 피부에 장착된 전극으로 신호를 전한다. 바로 이것이 귀로 들을 수는 없지만, 육체로 이해될 수 있는 신호인 것이다.

돌고래들은 신비한 해저 세계로부터 떠올라 지금까지 들어본 적 없는 소리를 내면서 눈앞을 스쳐지나간다. 어느 순간 사라졌다가 크고 미끈하고 부드러운 돌고래가 눈앞에 다시 나타난다. 돌고래와 방문객은 조심스럽게 다가갔다가 떨어지며, 부드럽게 서로 접촉하면서 긴장을 풀며, 움직임을 통해 대화를 나눈다. 점점 더 많은 돌고래들이 모여든다. 그러는 사이에 친숙해진 그들이 나란히 물을 가로질러 헤엄을 친다. 시간은 중요치 않다. 돌고래들은 멋지고 인상적인 원을 그리며 돌고 있다. 그 모습은 힘과 용기를 북돋워주려는 것 같다. 그들은 힘찬 몸짓으로 물 위를 박차고 뛰어올라 푸른 하늘 속으로 들어간다.

안내원들이 방문객들의 특수 안경을 벗기면 사람들은 놀란 듯이 자신의 눈을 문지르고 잠시 멍한 채로 있다. 빛과 소리와 상이 완벽하게 조화를 이룬 순간의 경험을 통해 그들은 완전히 다른 세상을 경험한 것이다. 그의 심장 박동은 평온해져 있고, 그후로도 오랫동안 지속적인 리듬으로 뛴다.

이밖에 실제 돌고래의 감촉이나 행동과 똑같은 느낌을 주는 모형 프로그램도 있다. 자연스러운 몸의 움직임을 완벽하게 모방한 이 프로그램에서 돌고래는 상황에 따라 각각 다르게 반응한다.

15장
이구아나의 미소

지구상의 모든 생물체는 하나의 큰 생물체를 구성하는
구성원으로, 그들은 서로 상호작용한다.
데스먼드 모리스(Desmond Morris)

생물의 진화, 파타고니아의 펭귄들과 갈라파고스에 사는 영리한 동물들에 대한 이야기 푼타 톰보의 펭귄 서식지에 가본 사람이라면, 지구가 인간만을 위한 삶의 터전은 아니라고 생각하게 될 것이다. 아르헨티나 파타고니아의 푼타 톰보는 마젤란 펭귄의 세상이다. 몇십만 마리의 펭귄들이 대서양 연안에 둥지를 짓고, 길을 만들며, 땅에 구멍을 파서 알을 낳는다. 무리 지어서 생활하는 이 펭귄들은 종종 아무런 말 없이 그저 서 있을 뿐이다. 모두가 나란히 서 있지만, 가끔 삐딱하게 선 펭귄도 보인다. 그들의 하얀 조끼와 은회색의 낡은 연미복은 너무도 사랑스럽다. 마치 쉽게 자리를 뜨지 못하는 칵테일 파티에 초대된 손님들처럼 보인다. 그래서 그들이 파란 바다를 배경으로 뒤뚱거리며 걷는 모습은 술에 취한 것 같기도 하다. 바닥이 조금이라도 울퉁불퉁하면, 곧바로 균형을 잃고 쓰러진다. 그렇지만 아무리 뒤뚱거린다 해도 이들에게는 자존심이 있다. 이리 비틀 저리 비틀, 엉덩방아를 찧어가면서도 결국 바다 속으로 미끄러진다. 바다는 그들의 고향인 것이다. 집채만 한 높은 파도를 두려워하지 않는 그들의 흥미진진한 삶으로 들어가보자.

문명의 소용돌이에서 멀리 떨어진 이 지역의 터줏대감인 펭귄들은 이곳을 찾는 여행객들을 완전히 무시한다. 짧은 시간 머무르는 여행객들은 이 이상한 동물의 사회적 행동에 대해 알지 못한 채 돌아간다.

펭귄은 배우자에게 충성한다. 자기 파트너가 눈에 보이지 않으면, 무리에서 떨어져 그를 찾는 데 혈안이 된다. 그렇다고 사랑의 행위에 남다른 소질이 있는 것은 아니다. 어쩔 수 없는 뚱뚱한 몸매 때문이다. 그들의 사랑 행위는 차라리 '균형잡기 놀이'라고 하는 게 적당할지도 모르겠다. 암수 펭귄 부부의 관계에는 질투의 비극과 화해의 의식이 지속적으로 반복된다. 남편 펭귄이 바람을 피우면, 속은 아내 펭귄은 화해의 선물을 요구한다. 그럴 때 보통 바람피우다가 들킨 남편 펭귄은 옆집 둥지에서 몇 개의 조약돌을 훔쳐와서 아내를 달랜다.

펭귄들에게서 인간 같은 특징이 관찰되기도 한다. 이 고상한 연미복을 입은 신사들은 때로 공중 도덕관념이나 규칙을 무시한다. 그들이 지나간 자리에는 먹을 만한 것이 아무것도 남지 않으며, 그들의 군락지는 엄청난 배설물더미로 변해 가고 있다.

펭귄은 사람들을 보면 긴장한다. 가슴이 콩닥콩닥 뛰면서 어쩔 줄 몰라서 더 뒤뚱거린다. 기쁘고 반가워서가 아니라 방해받을까 봐 두려워하기 때문이다. 느긋하게 바닷가 모래밭에 누워보자. 한참 후 어딘가에서 펭귄 한 마리가 나타난다. 암컷 펭귄과의 데이트 시간이다. 그러나 우리는 서로 할 말이 없다는 것을 확인하고 상심한다. 각자가 너무도 다른 세상에서 온 것이다.

이곳에서 남동쪽으로 수백 마일 떨어진 곳에서 황제펭귄들의 서식지가 발견되었다. 남극과는 불과 몇 마일 떨어진 이곳은 포클랜드 제도이다. 황제펭귄은 파타고니아에 사는 사촌 펭귄들보다도 훨씬 위풍당당한 풍채를 지니고 있었다. 그들이 양떼와 말, 거위와 함께 초원에 서 있는 광경을 본 사람들은 너무나 이상하고 어색한 이 광경에 할 말을 잃었다. 이 기이한 행동은 그들을 가까이서 지켜본 조류학자들도 쉽게 설명하지 못한다.

포클랜드 제도에서 살아가기란 그리 쉽지 않다. 어선의 조업으로 바다 먹이가 줄어들었기(먹이를 얻기 위해 그렇게 깊이 잠수할 필요는 없지만) 때문이다. 그러나 이곳 바닷물의 온도는 영하 기온의 경계 지점에 사는 친척뻘 되는 펭귄들이 사는 지역의 주변 바다보다 더 따뜻하다. 그래서 어린 펭귄의 사망률이 고향보다 낮다. 기온이 영하로 내려가는 일은 드물고, 여름뿐 아니라 겨울도 초원지대에서 보낼 수 있기 때문이다.

밝은 여름날 밤이 되면 많은 펭귄들이 남극 지방으로 떠난다. 4백 킬로미터가 넘는 기나긴 길을 헤엄쳐, 그곳에 남아 있던 동료들과 재회한다. 겨울이 되면 다시 해류를 거슬러 포클랜드로 돌아온다. 추운 남극의 펭귄들은 깊은 겨울밤 하나둘씩 남쪽으로 사라진다. 남극 지방에서는 몇 달 동안 해가 비치지 않는다. 사람이 사는 지역이라면 큰 재해를 가져올 만한 엄청난 파괴력의 허리케인이 사납게 몰아치고, 기온은 영하 40도까지도 내려간다. 그러나 황제펭귄은 이런 날씨에도 아랑곳하지 않고 꿋꿋하고 침착하게 견디어내며, 이 기간 동안 알을 낳아 번식도 한다.

많은 의문점들이 남는다. 도대체 왜 5백 쌍의 펭귄 무리가 얼음 덮인 고향을 떠나, 따뜻한 초원지대로 이사해 온 것일까? 살을 에는 추위에 펭귄의 꼬리가 떨어져 나가는 것은 도대체 무슨 이유에서일까?

진화는 끊임없이 새롭게 진행되는 과정이다. 과거의 모습 그대로 영원히 남아 있는 것은 없다. 우리의 이웃인 동물 또한 언제나 한 길만을 아무런 동요 없이 따르지는 않는다. 그들은 어떤 방법으로 계속해서 날씨, 목초지, 삶의 질에 대한 정보를 수집하고 분석하여 그에 따라 행동하는 것이다. 그와 동시에, 유전물질 속에 남아 있는 조상의 경험을 기억해 내고 그 본능에 따르며, 주변 환경의 변화에 대해서도 지능적으로 반응한다.

중남미 해안에서 서쪽으로 1천 킬로미터 떨어진 갈라파고스 군도에서는 모든 것이 이와 다르다. 이곳에 서식하는 동물들과 접촉하는 것은 길을 가다가 고양이를 만난 것처럼 사소한 일일 수 있다. 육중한 거대 바다거북, 폭력적인 바다사자들과 멋진 풍채를 자랑하는 펠리컨, 고대 생물 이구아나와 쾌활한 바다제비 등은 이곳을 찾는 여행객들과 쉽게 접촉하는 동물들이다. 그들은 호기심 어린 눈을 하고는 사람들에게 다가와서, 사진 촬영을 위해 참을성 있게 포즈를 취해 주고, 상대의 눈을 진지하게 바라본다. 그들이 싫어하는 것은 자신을 만지는 것뿐이다. 그것은 이 섬을 찾는 모든 방문객들이 지켜야 하는 엄격한 규칙 중 하나이다.

매주 화요일과 금요일에 에콰도르의 과야킬에서 출발하는 정기 노선 비행기가 작은 섬 산크리스토발의 좁은 비행장에 착륙한다. 지구상에 남은 마지막 파라다이스라고 불리는 이곳에 오려면 6개월 전에 예약해야 한다. 방문객 수를 한정하고 있기 때문이다. 13개의 큰 섬과 21개의 작은 섬으로 이루어진 갈라파고스 군도는 태평양 한가운데 솟아 있다. 섬 일부는 메마르고 척박하여 화산재로 뒤덮여 있지만 대부분 비옥하고 풍성한 열대 식물의 서식지이다. 고요한 수평선 위로 솜털 같은 구름, 부드러운 바람과 푸른 바다, 일렁이는 파도의 흰 거품이 잠자는 바다 표면 위에 작고 청아한 얼룩들을 만들어낸다.

그러나 아름다운 에덴의 정원, 지구상의 파라다이스가 위협받고 있다. 물론 그 적은 바로 인간이다.

나는 동물학자 비투스 드뢰셔(Vitus B. Dröscher)와 그의 부인 헬가와 나눈 대화를 기억한다. 그들은 몇 년 전 나와 같은 여정으로 여행을 했는데, 높은 파도가 치는 길을 택해 섬으로 들어가려고 했다. 배 멀미를 달래기 위해 갑판에 나와 있었는데 그때 그들 무릎 위로 작은 새 한 마리가 갑자기 떨어졌다. 폭풍에 지칠 대로 지친 붉은발 바다새 한 마리가 이 작은 배에 비상착륙을 했던 것이다. 부부는 젖은 새를 수건으로 닦아주었으며, 단물을 먹여주었다. 새는 빠르게 기력을 회복했고, 하늘 위로 날아올라 작별인사를 하듯 보트 주변을 한 바퀴 돌았다. 그러다가 새는 반쯤 씹은 오징어를 부부의 발 아래로 떨어뜨렸다. 헬가는 "새의 행동을 인간의 행동인 양 억지로 짜맞추고 싶지는 않지만, 그것은 분명 감사의 표시였고, 우리는 깊은 감동을 받았어요"라고 말했다.

우리가 탄 배가 '플라자 쉬르 이 노르테' 라는 작은 섬에 닿았다. 어디선가 갑자기 나타난 돌고래들이 물위로 힘차게 뛰어오르면서 배가 정착할 때까지 우리를 인도해 주었다. 돌고래의 신체 구조는 6천만 년 전 그대로이다. 그래서 이 바다의 현자들에게 인도받는 것은 무척 근사한 일이었다.

멀리서 바다사자의 웃음소리가 들려왔다. 바다사자 몇백 마리가 떼 지어 살고 있었다. 그들은 태양이 뜨겁게 달구어놓은 암석 위에 드러누워 몸을 흔들거나 따뜻한 바닷물에서 물장구를 치며 지낸다. 몇 마리는 보트 옆에서 헤엄친다. 현지 가이드인 에드가가 닻을 내리면서 그들에게 다가가보라고 말했다. 나는 조심스럽게 사다리를 타고 물속으로 내려갔는데, 바다에서 바다사자 특유의 냄새가 났다. 수영을 잘 못하는 나는 가라앉지 않으려고 계속해서 안간힘을 쓰느라 친근하게 다가오는 바다사자들에게 우아한 인상을 남기지 못했다. 거대한 바다사자 한 마리가 내 주위를 빙빙 돌았는데, 그때 몸 안에서 호르몬이 솟아오르는 것을 느낄 수 있었다. 아무런 위험도 없고, 싸우거나 상처를 주거나 공격하는 일도 없는 편안한 세상에 온 듯한 기분이 되었다. 동시에, 이렇게 평화로운 환경에서 나는 갑자기 전쟁, 공격, 상처 같은 인간 세상의 비극을 떠올리고 있었다.

갈라파고스 동물들이 가진 인간에 대한 특별한 믿음은 유명하

아르헨티나 파타고니아의 펭귄 나라에서.

저자와 조류학자 스벤 아흐터만(Sven Achtermann)과 함께한 마젤란 펭귄들.

펭귄의 나라 : 해마다 북극 대륙으로부터 몇만 마리나 되는 펭귄이 종족 번식을 위해 건조한
아르헨티나 해변을 찾는다.

태국의 고지대에 위치한 코끼리 캠프에서 누구보다 잘 지내는 코끼리들. 그들은 숲에서 나무
적재를 돕고, 관광객이 찾아오면 재주를 부리기도 한다.

장닭 창은 코끼리 캠프에서 많은 친구를 사귀었다.

태곳적 존재의 지혜를 배운다. 갈라파고스 제도의 거북이와 함께한 저자 라이너 홀베.

인간과의 접촉을 즐
로워하는 갈라파고
제도의 바다사자.

이구아나는 뒤뚱거리
자세에도 불구하고
개처럼 빨리 움직일
있는 특별한 재능을
진 동물이다.

바다 이구아나 한 마
가 바다 사냥을 떠나
전에 검은 바위에서
식을 취하고 있다.

다. 그에 관한 결정적인 설명을 한 사람은 19세기에 이곳을 방문한 찰스 다윈이다. 다윈은 인간이나 다른 맹수들이 살지 않는 고립된 섬에 사는 동물들의 행동 양식이 특징적으로 나타난다는 것을 비교학적으로 확인했다. 더 나아가 그는 육지동물의 본능적인 도주 행동이 인간과 맹수에 대한 거부반응이라고 결론지었다. '자연선택론'으로 나타난 이와 같은 도주 행동은 같은 종 내에서 매우 중요한 의미를 가진다. 자신의 적을 잘 알고, 그에 대처할 수 있는 개체들은 그렇지 못한 동물들보다 살아남을 확률이 높다. 도주한 동물들은 적이 없는 섬으로 옮겨와 살면서, 또 다른 선택론의 역사를 시작했던 것이다. 그들에게 더 이상의 도주는 필요하지 않았다. 그렇기 때문에 누구도 꺼리지 않게 된 것이다.

바다사자와의 수영을 마치고 배로 돌아와 옷을 갈아입고는 섬 쪽으로 노를 저어 갔다. 우리를 반기듯 검은 바다제비가 공중을 한 바퀴 돌고는 바로 옆 벤치에 앉았다. 고개를 약간 기울인 채 그 작고 둥글며 반짝이는 눈으로 궁금하다는 듯이 우리를 쳐다보았다. 배가 육지에 닿자, 우리는 선인장과 혹마디 나무들에 둘러싸인 바윗길을 따라 높이 올라갔다. 믿을 수 없었다. 길을 돌 때마다, 이구아나가 우리를 기다리고 있는 것이었다. 근엄하고 고귀한 자태를 가진 그들은 매우 심상한 눈빛을 하고는 길목 길목에서 우리를 기다렸다. 그들은 거의 태곳적부터 지구에서 살아온 10만 년 이상 오래된 종의 후손들인 도마뱀이다. 7백 가지 이상의 종들이 있는 그들은 아메리카 대륙에 널리 분포되어 있으며, 길이 2미터의 몸에 다채로운 색을 띠고 있다.

그들의 조상이 오래전 어떻게 태평양에 있는 먼 섬까지 오게 된 것일까? 그들의 개척 여행이 항상 자의적인 것만은 아니었다. 천재지변과 같은 자연 현상의 영향으로 그들을 때로 안전한 육지에서 바다로 내몰렸고, 풀이나 나뭇가지, 나무뿌리를 움켜잡은 채 조류를 타고 떠밀려왔다. 그중 몇 마리가 훔볼트 해류를 타고 멀리 갈라파고스 군도로 헤엄쳐 갔고, 콜럼버스처럼 이 새로운 땅을 정복하고, 그들의 지능과 적응력으로 살아남은 것이다.

열대우림의 풍성한 식물계에 익숙해진 도마뱀들은 소금기 있는 바닷물을 마실 수 있었다. 바닷물만 마신 사람들은 죽을 수밖에 없다. 사람의 신장에서는 소금을 거를 수 없기 때문이다. 그러나 이곳에 온 도마뱀들에게는 시간이 지나면서 특별한 내분비선이 생겼고, 이곳을 통해 소금을 콧구멍으로 내보낼 수 있게 되었다. 풍부한 먹이가 도처에 널려 있었고, 그로 인해 개체 수를 더욱더 늘릴 수 있었다. 여기저기 널려 있는 해초류가 썰물 때문에 부족해지자, 도마뱀들은 환경 적응을 위해 한발씩 더 앞으로 내딛게 되었다. 즉, 몇 센티미터씩 조심스럽게 바다로 나아갔던 것이다. 갈라파고스 군도가 홍수로 인해 물에 잠길 때에도, 이구아나는 조바심 내지 않았다. 거대한 홍수에 삼켜진 그들 중 한 마리가 잠수를 하여 다시 육지로 온전하게 돌아올 수 있었고, 다른 개체들도 그것을 따라했을 것이다. 그들은 마침내 바다도마뱀이 되어 바다 밑까지 잠수할 수 있게 되었고, 바다 밑에 있는 해초류를 먹게 되었다. 그때부터 갈라파고스의 이구아나는 육지에 있는 그들의 먼 친척들과 구별되기 시작했다.

사람들은 냉철한 관찰력으로 주의 깊게 이구아나를 살펴보았다. 이구아나들이 햇빛 아래서 밝게 반짝이고 있다. 여러 차례 자세를 바꾸는 그들은 친절하지만 인간과 어느 정도 거리를 두는 고대 철학자와 닮아 있다.

"가마우지다!" 가이드인 에드가가 우리 앞의 검은 새를 가리키며 소리쳤다. 바위에 앉아 있는 가마우지는 바다를 바라보고 있다. "저 새는 이곳 갈라파고스 군도에서 나는 법을 잊어버렸고, 날개도 줄어들었지요. 이 사실을 통해 그들이 도망갈 필요가 없었다는 것을 알 수 있어요." 가마우지는 해변을 산책하면서, 충분한 먹이를 찾을 수 있었고, 그래서 멀리 있는 어장까지 날아갈 필요가 없어진 것이다.

그 사이에 우리는 바다 위로 높이 솟아 있는 암석으로 뒤덮인 구릉까지 올랐다. 자연사 박물관에서나 볼 수 있는 이구아나의 화석을 볼 수 있었다. "이 동물은 똑바로 선 자세로, 조용히 죽은 것이

틀림없다."

한 무리의 바다사자들이 높은 곳에 있는 따뜻한 바위 위에 흐트러진 자세로 누워 있었다. 바다사자 역시 바다 표면까지 떠오르는 상어와 살인고래에게서 목숨을 보전하기 위해 육중한 몸을 밀어 이곳까지 힘들게 올라온 것이다.

섬을 떠날 때 해는 이미 수평선에 걸려 있었다. 이 작은 섬은 다시 동물들만의 것이 되었다. 다시 산타크루즈로 돌아오는 데 몇 시간이 걸렸다. 우리는 작은 호텔에서 묵었는데, 에콰도르에서 이 군도로 이주해 온 독일인이 운영하는 곳이었다. 그는 이곳에 살 수 있는 얼마 되지 않는 사람에 속한 행운아다.

다음날 아침 나는 열대림에서 고요한 밤을 보낸 수많은 새들의 노랫소리에 일찍 잠에서 깼다. 에드가의 도움으로 그 유명한 다윈의 피리새를 볼 수 있었다. 그들의 선조들은 몇백만 년 전에 이구아나와 비슷하게 바다에서 떠내려 와, 새로 생성된 화산 군도에서 자신들의 보금자리를 찾았다. 다윈의 이론에 따르면, 오늘날에는 전혀 알 수 없는 모습을 한 과거의 피리새에서 이곳 갈라파고스에 살고 있는 행동이나 모습이 완전히 다른 14종의 피리새가 진화, 생성되었다고 한다. 맹그로브 피리새, 딱따구리 피리새, 작고 큰 나무 피리새와 코코스 피리새 등이 있다. 자연선택으로 변이가 이루어진 것이다. 이 울창한 군도의 새들이 불모의 지대에 도착했을 때, 또는 자연사로 식물계가 변화되었을 때, 그에 적응할 수 있는 동물만이 살아남을 수 있었다. 그렇게 해서 천성적으로 곡식을 먹는 피리새에서 곤충을 잡아먹는 신종으로 진화한 것이다. 1835년 다윈이 갈라파고스에 왔을 당시에는 작은 새의 새끼들이 수없이 많았는데, 지난 세기의 혁신적인 이론 중 하나인 다윈의 이론은 바로 이 새들에게서 나왔다. 피리새가 그 기본 형태에서 새로운 종으로 진화했다면, 다른 모든 생물체도 원래의 형태에서 비롯되었을 것이라는 가설이 다윈 이론의 출발이 된 것이다. 물론 인간도 예외는 아니다. 그렇다면 우리의 조상들은 어떻게 진화된 것일까? 원숭이에게서? 해파리에게서? 공룡으로부터?

갈라파고스 군도는 다윈에게 '종의 진화론'을 뒷받침해 주는 여러 가지 증거물들을 제시해 주었다. 다윈은 동물들이 다양한 생활 환경에 적응하면서 살아왔다는 것을 알았다. 마침내 그는 24년을 주저한 끝에 1859년 『종의 기원』을 발표하여 그 연구 업적을 세상에 알렸고, 지금까지의 자연에 대한 인식의 대전환을 불러일으켰다. 그것은 지구가 우주의 중심이 아니라, 다른 많은 별과 마찬가지로 태양을 도는 하나의 별에 불과하다는 니콜라스 코페르니쿠스의 발견에 견줄 만한 것이었다. 찰스 다윈은 우리 인간도 진화론적으로 다른 동물들과 연계되어 있고, 동물과 마찬가지로 진화를 거듭해 왔다고 주장했다.

그의 동시대인들은 그의 연구 발표를 분노와 조롱으로 받아쳤다. 그들은 비웃으면서 다음과 같이 말했다. "인간이 원숭이에서 나왔다고! 하하, 아마 그는 그랬을지도 모르지!"

그날 오후, 나는 다윈 연구소에서 전설적인 거대 거북을 볼 수 있었다. 그들의 선조 또한 이 군도로 이주해 왔다. 아메리카 대륙에서 1천 킬로미터 떨어진 이곳으로 헤엄쳐 오는 것은 수영선수들인 바다사자나 바다곰 또는 펭귄들에게는 쉬웠을지 몰라도 거북이들에게는 너무나 힘든 것이었다. 그들은 수영을 할 수는 없었지만, 일단 물속으로 들어가 그 흐름에 몸을 맡기면 몇 주 동안을 다치지 않고 물위에 떠 있을 수 있었다.

거대한 등껍질에도 불구하고 거대 거북은 특히나 민첩하다. 육중하고 굽은 다리로 거침없이 방문객들에게 다가간다. 파충류가 거친 등껍질 속에서 그 주름진 목을 조심스럽게 내밀 때면, 나는 스티븐 스필버그의 영화에 나오는 외계인 ET가 떠오른다.

이 풍채 좋은 거북들은 알을 낳기 위해 연구소로 이송되었다. 그들의 알이 쥐나 돼지로부터 보호받아야 하기 때문이다. 작은 새끼들이 사람들로부터 보호받으며 자라는 동안, 동물학자들은 이 육중한 부모들을 이사벨라 섬으로 다시 데려다 준다. 밤이 되면 그들은 5킬로미터 떨어진 불이 꺼진 화산 알세도의 습지대로 이동하여 그곳의 땅속에 몸을 묻는다. 해발 1천 미터의 알세도는 추운 곳이지만, 진흙이 몸을 따뜻하게 유지시켜 준다. 알세도 산은 이 군도에서 큰 거북 무리들의 마지막 서식지이다. 그곳에 50킬로그램이

나가는 거대 거북 약 4천 마리가 살고 있다. 다 자란 새끼들도 알 세도 산으로 옮겨진다. 그곳에서 그들은 안전하게 지낸다. 그들의 조상처럼, 그들을 마치 살아 있는 통조림처럼 여기는 선원이나 고래잡이 어선에게 유괴되지 않는다.

나는 그 거대 거북의 눈을 그윽이 바라보았다. 영원한 갑옷, 그리고 그 갑옷 속에 스며들어 있는 기나긴 삶의 현명함이 보이는 듯했다. "동물을 관찰하며, 당신의 마음을 안정시키세요." 나는 페넬로페 스미스의 말을 따라해 보았다. "당신의 모든 감각을 열고, 분명하고 명확한 신호를 받아들일 준비를 하세요."

"안녕." 나는 거북에게 인사를 건넸다. 내가 잘못 본 걸까? 아니면, 정말 나에게 애정 어린 답례를 한 걸까?

"질문을 던지고, 그 대답을 받아들이세요. 대답을 받지 못해도 상관없지요." 페넬로페의 조언이다.

나이 많고, 현명한 노인 같고, 절대 비웃을 수 없을 것 같은 이 거북에게 무슨 질문을 할 수 있을까? 나는 아무런 질문도 하지 못했다. 하지만 대답은 이미 받았다. 다음날 아침, 나는 마음을 추스르지 못하고 허둥댔다. 뭔가 잊어버린 게 있는 것 같았다. 에드가는 서둘러 떠나자고 재촉했다. 서둘러 이 섬을 떠나면서 나는 이 세상에서 가장 나이 많은 동물과의 유일한 대화를 망쳐버린 것을 후회하고 있었다.

비행기에 앉아 있는 내내, 수많은 질문들이 머릿속에 떠올랐다. 그러나 갈라파고스 군도는 이미 수평선 지나 멀리 사라져버린 후였다.

철학자 거북

철학을 배우자! 에른스트 윙어는 102번째 생일을 맞이하여, 작은 거북을 선물로 받았다. 그가 거북에게 몸을 굽혀 인사하면, 거북은 마치 답례라도 하듯 머리를 들어올렸다. 그는 그 거북을 '헤베'(올린다는 뜻)라고 불렀다. 그리스 신화에 나오는 제우스의 딸 헤베는 젊음의 여신이다. 거북도 원래 사랑의 여신인 아프로디테의 출산의 상징으로 여겨졌다. 독일의 옛 시인이나 철학가들은 새 세기가 시작될 때마다, 거북과 함께하고 싶어했다. 에른스트는 부드럽게 거북의 갑옷을 쓰다듬으며 말한다. "나도 너와 함께 늙어가고 싶구나!"

16장
동물들의 예지력과 신비한 능력

인간이 삶의 그물을 엮은 것은 아니다. 인간은 단지 그 안에 들어 있는 실오라기일 뿐이다. 인간이 삶의 그물에 행하는 일은 바로 자기 자신을 향한 것이기도 하다.
시애틀의 인디언 추장

애완동물의 놀라운 초감각적 인지능력에 대한 연구로 기존의 학문적 관념에 도전한 생물학자 루퍼트 쉘드레이크 이야기

이 책의 앞부분에 소개했던 나의 개 보비는 첫눈에 알아볼 수 있는 특별한 재능을 지니고 있었다. 무기력하게 있다가도 갑자기 민첩한 행동을 보이기도 하고, 극도로 호기심을 나타내다가, 예의 바르고 우아하게 무관심을 드러내기도 한다. 그러나 결코 화를 내지도 않고, 공격적이지도 않았다. 보비가 가장 좋아하던 휴식처는 거실에 있는 큰 소파였지만, 사실 보비는 잠시도 그곳에서 쉴 수 없었다. 왜냐하면, 보비가 그 큰 소파를 차지하면, 다른 누구

도 거기에 같이 앉을 수 없기 때문이었고, 그렇다고 무게가 80킬로그램에 달하는 이 커다란 개가 마치 강아지처럼 사람들 무릎에 엎드리는 것은 정말 우스꽝스러운 모습이기 때문이었다.

그래서 보비는 현관문 앞의 마루 한 귀퉁이를 자신만의 휴식처로 즐겨 찾았다. 이곳에서는 마당을 내다볼 수 있어서 누가 대문을 통해 집 안으로 드나들고 누가 집 앞을 지나가는지 다 볼 수 있으며, 무엇보다 우리 가족 중에 누가 집에 돌아오고 다시 나가는지를 알 수 있었다. 보비는 종종 가족들을 따라 들락거리기도 했다.

보비의 행동 중에는 특히 눈에 띄는 몇 가지 기이한 행동이 있었는데, 생물학자 루퍼트 쉘드레이크는 동물의 이런 행동에 관심을 갖고, 오랜 기간에 걸쳐 연구하였다.

보비는 항상 주인인 내가 집으로 돌아올 때가 되었다는 생각이 들면, 편하게 있던 자리에서 일어나는 것이었다. 안정적인 직장에서 규칙적으로 출퇴근하는 보통 사람들과는 달리, 나의 일과는 상당히 예측 불가능하다. 즉, 항상 다른 교통편을 이용해 하루 종일 돌아다니며, 아무도 예상하지 못하는 시간에 집으로 돌아오는 일이 허다한 것이다. 그러나 보비는 항상 내가 집에 도착하기 30분 전이면 일어나 자신의 위치와 자리를 바꾼다. 즉, 현관의 자신만의 자리를 떠나서 내가 오는 것을 환영하기라도 하려는 듯, 집 마당에 나와 앉아 기다린다. 눈이 오거나 비가 오거나, 작열하는 여름날의 불볕더위에도 아랑곳하지 않고 보비는 자신만의 이 의식을 치르는 것이었다. 밤이 되면 내면의 시계가 보비를 깨우는 것 같았다. 평소에는 한번 잠이 들면 깨지 않는 보비가 내가 돌아올 때에 맞춰서 잠에서 깨어 나를 반기는 것이다.

"그런 이야기들은 많이 들었습니다." 루퍼트 쉘드레이크 교수는 짤막하게 대답했다. 나는 몇 년 전 뒤셀도르프에서 열린 동물의식 연구회의 단상토론에서 그와 나란히 앉은 적이 있었다. 그 회의 참석자들 중에는 동물의 의식이 단지 우연이나 본능, 훈련에 의한 것이며, 또는 그것을 믿고 싶어하는 사람들의 자기기만이라고 설명하는 회의론자들도 많이 있었다.

쉘드레이크는 비전문가들도 소요비용 없이 쉽게 참여할 수 있는 일곱 가지 실험을 구상하였다. 이 '모든 이를 위한 즐거운 실험'은 애완동물들의 초감각적 인지능력에 대한 연구에서 시작해 학문 이론의 기초가 되는 불변의 진리가 현실에서도 통용되는지에 대한 질문에 이르기까지 포괄적인 것이다. 더욱이 실험을 주관하는 사람의 기대가 실험 결과에 끼치는 영향까지 조사된다. 그것은 우리의 바람이나 상상이 물질적 현실을 변화시킬 수 있느냐에 관한 문제이다. 이 연구 결과는 전통적인 세계상을 상당 부분 변화시킬 수 있는 것이다.

쉘드레이크가 런던의 『타임』지에 처음으로 이 실험계획에 대해 발표했을 때, 많은 이들이 큰 관심을 가졌다. 그동안 그의 연구소에서는 전 세계에서 온 약 3천 여 개의 그와 비슷한 사례들이 검토, 평가되고 있었는데, 그중에 6백 가지 이야기는 독일에서 온 것이었다. 아마도 주인이 언제 집으로 오는지 정확하게 알고 있는 애완동물들은 수백만 마리가 넘을지도 모르겠다.

세계 곳곳에서 날아든 그 편지들 중에는 영국에서 비서로 일하고 있는 팜 스마트의 테리어 종 개 제이티에 관한 이야기가 있었다. 제이티는 항상 자기 주인이 언제 집으로 올지 알고 있는 듯 보였다. 그녀가 어디에서든지 집으로 돌아오는 발을 내딛자마자, 같은 시각에 제이티는 창틀로 뛰어올라, 그녀가 나타날 때까지 창문에 코를 대고 기다리는 것이었다. 그녀가 10분 정도 떨어진 베리라는 곳에서 돌아올 때면, 제이티는 그녀가 도착하기 정확히 10분 전부터 그곳에 자리를 잡고, 그녀가 한 시간 반 정도 떨어진 블랙풀에서 돌아올 때면, 제이티는 이미 한 시간 반 이전에 반응을 보이는 것이었다. 도대체 제이티는 어떻게 그녀가 집에 돌아오고 있다는 것을 아는 것일까? 혹시 그녀의 부모가 무의식적으로 힌트를 주는 것은 아닐까? 또는 그녀의 자동차 소리를 아주 멀리서도 들을 수 있는 예민한 청각을 지녔기 때문일까?

오스트리아 방송국의 한 방송 제작팀은 제이티의 이런 특이한 행동을 예를 들어 보여주며 쉘드레이크의 이론을 소개했다. 동전을 던져 팜이 집에 돌아오는 길을 정하고, 심지어 차도 바꿔 타고 돌아오는 등의 실험을 하며 제이티의 반응을 카메라에 담았다. 변한 것은 없었다. 그녀가 어디에서든지 집으로 돌아가려고 일어나는 순간에, 제이티는 기쁨에 빠지는 것이었다. 반면에, 그녀가 직장에서 우선 호프집에 들러서 술을 한잔 하거나 친척집에 들렀다가 오면, 제이티는 아무런 반응도 보이지 않았다.

셸드레이크와 그의 연구소는 텔레파시 능력을 지닌 말이나 앵무새, 고양이와 심지어는 거북이에 대한 이야기들을 수집했다. 미국의 워싱턴 주에 사는 샤론 론세는 다음과 같이 전한다. "내가 먹이를 줄 때가 되었다고 생각할 때마다, 거북이들이 먹이그릇으로 다가오는 것을 알게 되었을 때, 나는 실험을 시작했지요. 거북이들이 등껍질 속에 몸을 숨겨, 누가 봐도 자고 있는 것이 확실했을 때 먹이를 주어야겠다고 생각해 보았습니다. 그런데 놀랍게도 내가 부엌에서 먹이를 들고 가보니, 거북이들은 벌써 먹이를 받아먹을 장소를 찾고 있는 것이었어요."

엄선된 편지들 속에는 전화를 받는 고양이에 대한 보고도 있었다. 한 여인이 딸에게 특별한 반응을 보이는 고양이에 관해 알려온 편지였다. 유학으로 얼마 전에 이사를 간 딸은 정기적으로 부모에게 전화를 한다. 그런데 보통 때는 전화기의 울림에 아무런 반응도 보이지 않는 고양이가 딸이 전화만 하면, 마치 전화에 응답이라도

하는 듯, 전화기가 있는 1층으로 당장 달려가서, 흥분한 상태로 야
옹댄다고 한다. 딸이 전화를 해올 때마다 언제나 그렇다는 것이다.

종종 외국에 나가서 일하는 어떤 사람이 키우는 고양이는 그가
건 전화를 부인이 빨리 받지 않으면, 자신의 앞발로 툭 쳐서 전화
기를 고정 장치에서 떨어뜨린다고 한다. 고양이는 단지 그가 직접
전화할 때만 그런 행동을 보일 뿐, 다른 사람의 전화에는 반응을
보이지 않는다.

몇몇 동물은 집으로 돌아오는 길에 그들이 언제쯤 집에 닿을 수
있는지 느낄 수 있는 것 같다. 심지어는 오랜 시간 동안 차를 타고
갔거나, 어두워져 잠이 든 상태에서도 마찬가지이다.

세계 도처에서 사람들은 애완동물을 관찰하고 교류하며, 그들
의 행동에 대해 많은 경험을 한다. "사람들과 애완동물 사이에는
강하고 친근한 커뮤니케이션 관계가 형성됩니다. 하지만 다른 종
의 동물들끼리는 그저 상상으로나 가능한 일입니다."
이와 같은 영역이 지금까지는 자연과학자들에게 완전히 무시되
어 왔다. 그들은 애완동물이 학문과는 별개의 것이고, 사람들의 이
런 경험은 단지 주관적인 것일 뿐이라고 보았다.
"사람들이 자신의 애완동물에 관해 서로 이야기하는 것을 들으

면, 많은 일들이 일어나고 있다는 것을 알 수 있습니다. 그것은 기존의 시각에서 볼 때는, 무척 낯설고, 일어날 수 없는 일로 보이기도 하지요"라고 쉘드레이크는 요약한다.

그는 인간과 애완동물 사이의 이 '보이지 않는 끈'이 텔레파시와 관련되어 있다고 생각하지는 않는다. "텔레파시는 원래 '생각의 전이'를 뜻하지만, 인간과 애완동물 사이에 전달되는 것은 감정과 직관에 더 가까운 것입니다. 애완동물과 주인 사이에는 과학자도 모르는 어떤 커뮤니케이션의 길이 열려 있습니다."

『자연의 기억』에서 그는 처음으로 '형태 발생의 장'에 대해서 이야기한다. 그의 설명에 의하면 박테리아나 식물, 그리고 동물, 사람, 또는 돌이나 수정이든 상관없이 그 영역 속에 개개의 경험이 축적되어 있다고 한다. 이런 방식으로 시간과 공간에 의해 결정되는 자연의 기억들이 생겨난다. 이런 가정하에 과학의 다른 주요 문제들도 설명된다. 즉 동물의 본능적인 행동, 또는 새로운 화학물질이 첫 실험보다 나중의 실험에서 더 쉽게 결정체로 변하는 것 등이 그것이다. 이로써 생물학자와 자연 철학자들은 기존의 학문적 세계관의 기초를 흔들어놓았다.

형태 발생의 장에 관한 그의 이론은 도전적이며, 다른 유명한 학자들의 논쟁을 불러 일으켰다. 몇몇 학자들은 쉘드레이크를 20세기의 갈릴레오라고도 부른다. 그의 이론은 안정된 기존 학문에 대한 강한 도전이기 때문이다. 그러나 그는 혼자가 아니다. 기존 학문에 도전하는 새로운 차원의 연구와 사고방식을 주장하는 사람들은 추방되거나 아웃사이더로 몰렸다.

쉘드레이크는 형태 발생의 장인, 자연의 기억은 컴퓨터의 중립적인 소프트웨어와 같다고 말한다. 즉, 지속적으로 지구상의 다양한 삶의 형태에 대한 정보를 수집하고, 이를 활용한다. 동물의 한 종 내의 어떤 구성원이 특정 행동을 발전시키면, 그 행동은 자동적으로 다른 구성원들이 받아들이게 되어 있다. 쉘드레이크는 이런 현상을 '개체 발생의 공명'이라고 부른다.

이로써 생물학자들은 동물이 어떻게 해서 그들의 먹이 저장고와 집을 찾을 수 있는지에 대한 해답을 찾아낼 수 있었다. 호두 저장 장소를 알아내는 다람쥐나, 벌집으로 돌아가는 꿀벌들도 지능적인 관찰 능력을 지니고 있다.

네브라스카 대학의 알란 카밀과 줄리 존스는, 동물들은 독특한 배경으로 얽혀 있는 추상적인 지도를 마음속에 담고 있다고 한다. 두 과학자는 북아메리카가 고향인 까마귀과의 소나무 어치로 실험을 하였다. 어치는 먹이 저장을 위해 숲속에 소나무 씨앗을 묻어 둔다. 그들은 이 새를 잡아 눈에 띄게 표시된 두 나뭇가지 사이의 땅에 묻어둔 씨앗을 찾는 훈련을 시켰다. 새가 씨앗을 찾아내자, 이제는 표시된 그 나뭇가지들 사이를 바꾸거나, 다른 방향으로 바꾸어놓았다. 그러나 새들은 신기하게도 숨겨진 씨앗을 찾아냈다.

두 학자들의 견해에 따르면, 이것은 동물이 나뭇가지의 표시와 숨겨진 먹이 사이의 확실한 거리를 알지 못한다는 증거이기도 하였다. 그 새는 나뭇가지와 먹이 사이의 상대적인 관계가 그려져 있는 추상적인 지도로 방향을 찾는 것이다. 적어도 실험 대상이 된 소나무 어치는 추상적인 사고와 영리한 행동에 맞는 신비한 능력을 지니고 있음이 분명하다.

강도 높은 연구에도 불구하고, 학자들은 아메리카에서 온 민물장어가 버뮤다 남쪽의 호수에서 부화하는 이유에 대해 만족할 만한 명확한 설명을 하지 못한다. 유럽과 아메리카의 강에서 온 수백만 마리의 장어가 센 조류에도 불구하고 물고기 어망을 교묘하게 피하면서, 산란하고 죽기 위해서 자신의 탄생지점까지 몇천 킬로미터를 거슬러 돌아간다. 그로부터 얼마 지나지 않아, 수백만 마리의 장어 치어들이 이곳에서 우글거린다. 그리고 5센티에서 8센티미터 정도의 크기가 되자마자, 유럽과 아메리카 강으로의 긴 여행을 시작한다. 왜 장어가 이런 고된 여행을 하는지, 그리고 어떤 방법으로 자신의 조상들이 떠났던 그 지점을 정확하게 다시 찾는지는 생물학의 가장 큰 수수께끼 중의 하나로 남아 있다.

학자들은 수많은 보고서를 통해 초감각적인 동물의 능력에 대해서 언급하고 있다. 어느 날 밤 독일의 한 사냥꾼과 숲의 산지기들은 저지대의 맹수들 사이에 퍼져 있는 이상야릇한 긴장감을 느낀 적이 있었다. 같은 시간에 함부르크의 해양 기상센터에서는 1천8백 킬로미터 떨어진 섬에 폭풍이 몰아치고 있다는 소식을 전했다. 경찰이나 소방관, 또한 기상학자들마저도 이 경고를 그다지 심각하게 받아들이지 않았으나, 동물들 사이에서는 동요가 일었고, 공포로 확산되었다. 노루와 산양, 꽃사슴 등은 서둘러 안전한 숲속으로 도망쳐 두려움에 떨며 들판에 함께 모여 있었다.

곧이어 초속 170킬로미터 세기의 폭풍이 독일 북쪽의 저지대를 휩쓸고 지나갔다. 숲 감시원은 대략 6천만 그루의 나무가 꺾여 수많은 동물들을 덮쳐서 죽이는 것은 아닐까 걱정했지만 동물들에게 큰 피해는 없었다. 20만 헥타르 정도의 숲이 파괴되었지만, 단지 서른일곱 마리의 동물들만이 희생된 것으로 보고되었다. 대부분의 동물들은 제때에 주변의 빈터나, 어린 나무들 사이의 안전지대에 가서 숨어 있었기에 위기를 모면할 수 있었다.

알트마르크 마을 로네에서 어린 시절을 보낸 덕분에 나는 제비가 낮게 날면 비가 올 징조이고, 높이 날면 해가 나고 건조한 날씨가 된다는 것을 알고 있다. 사실 기상학자들이 기압계로 폭풍을 예고하기 한참 전부터 새들은 기상변화에 대해 경고한다. 그들은 이미 1천3백 킬로미터 떨어진 곳에서도 심각한 기상의 변화가 일어나고 있다는 것을 알고 주위를 낮고 넓게 날아다니는 것이다. 개미와 벌도 미세한 기압의 변화로도 생존을 위한 자신들의 중요한 결정을 내린다. 비가 쏟아지면 떼 지어 몰려다니는 곤충들의 생존에 큰 위협이 될 수 있기 때문이다.

대부분의 동물이 지진이 일어나기 전에 기이한 행동을 보인다는 것은 오래전부터 알려져왔다. 양과 소, 말, 노새 등은 자신의 우리에 발을 들여놓지 않고, 쥐와 뱀은 서둘러 둥지를 떠난다. 수많은 동물들의 어떤 감지장치가 앞으로 닥쳐올 위험에 대해 경고를 하는 것이다. 인간을 위한 이런 살아 있는 사전경고 시스템 중에 메기가 있다. 메기는 지진이 나기 전에 매우 불안해하며, 수면 위로 떠오르거나 심지어는 육지로 올라오는 습성이 있다. 지진 발생 전, 동물들의 이런 이상한 행동은 이미 수많은 사람의 목숨을 구하였다. 쾰른에서는 앵무새 '요요'가 지진이 도시를 뒤흔들기 몇 분 전에 이를 느낀 적이 있다.

캘리포니아의 마지막 대지진 전, 새들은 지저귀지 않았고, 자유롭게 뛰놀던 개들은 건물 안으로 들어가려 하지 않았다. 두 번의 흔들림이 있고 나서, 눈에 띄게 시끄러운 소리를 내며 울어대던 새들은 지진이 다시 시작되기 직전에 완전히 침묵하였다.

중국인들은 이미 오래전부터 자연재해 전에 동물들이 보이는 행동을 연구해 왔는데, 그들은 동물들의 도움으로 조기경고 시스템을 만들 수 있을 것이라고 한다. 티벳의 들소 야크는 위험이 닥쳐오면 땅에 엎드려 네 발을 앞으로 쭉 뻗고 유난히 침착한 행동을 보인다. 팬더곰은 소리를 지르며 머리를 올리고, 백조는 물에서 떠나 바닥에 눕는다. 또한 개들이 끊임없이 짖어대는 것은 재해에 대한 확실한 경고 신호이다.

자연재해에 관해 대부분의 동물이 가지고 있는 예민함은 비둘기에게서도 볼 수 있다. 비둘기는 위험이 닥치면 깜짝 놀란 듯이 이리저리 날아다니며 둥지로 다시 돌아오지 않는다. 비둘기는 극도로 예민한 청각과 복잡한 감지 시스템을 갖추고 있는 것 같다.

루퍼트 쉘드레이크는 자신의 저서에서 웨스트버지니아 주 섬머빌의 집비둘기와 열두 살 꼬마와의 특별한 관계에 대한 이야기를 들려준다. 167번을 달고 있는 경주용 비둘기는 비행 도중에 가족의 정원에서 휴식을 취한 적이 있다. 소년은 비둘기에게 먹이와 물을 주었고 비둘기는 더 이상 비행을 계속하지 않았다. 비둘기는 그곳에 남아서 이 가족의 집비둘기가 되었다.

몇 달 뒤, 중병에 걸린 소년은 170킬로미터 떨어진 병원에서 수술을 받아야만 했다. 비둘기는 섬머빌의 집에 남아 있었다. 몇 주 후 눈이 날리는 밤, 소년은 병실 창문을 두드리는 소리를 들었다. 그는 간호사에게 창문을 열어달라고 부탁해 비둘기를 안으로 맞아들였다. 비둘기는 다리에 167번 번호표를 달고 있었다!

어떤 방식으로 비둘기는—다른 동물들도 그렇지만—정확하

게 어떤 곳, 심지어는 아주 멀리 떨어져 있는 곳이라도 그 목표점을 찾을 수 있는 것일까?

루퍼트는 말한다. "비둘기를 그곳으로 이끈 것은 '형태 발생의 장', 즉 자연의 기억이라고 생각합니다. 눈에 보이지 않는 고무줄 같은 것으로 집이나 가까운 사람과 묶여 있어, 늘었다 줄었다 반복하면서, 서로 떨어지더라도 다시 돌아오게 하지요. '섬세한 결합'이라 할 수 있습니다. 현재의 자연과학 지도에는 아직 알려지지 않은 것이 바로 그것입니다."

쉘드레이크가 제안한 '일곱 가지 실험' 중에 두 가지 실험만이 동물과 인간의 관계에 관련되어 있다. 비둘기와 물고기, 고양이, 개의 방향감각에 관한 것과 말벌 세계의 완벽한 조직에 대한 연구도 있다.

그는 또한 사람들에게 적용되는 간단한 실험을 해보라고 권유한다. 예를 들어 우리의 마음을 사로잡거나 서로 갈라놓는 힘은 무엇인지, 어떤 사람들은 특별한 이유 없이도 그런 힘에 대해서 거부하고 무관심한 데 비해, 어떤 사람들은 마법에 걸린 것처럼 감동하게 되는 이유는 무엇인지 등에 관한 실험들 말이다.

쉘드레이크는 자신의 경험 연구를 통해, 누군가 자신을 관찰하고 있을 때, 그것을 볼 수 없다고 해도 느낄 수 있었던 경험에 대한 조사도 시도했다. 1만8천명의 사람들이 참여한 이 실험에 대한 그의 가정은 다음과 같다. 즉, 대상을 단지 수동적으로 지각하는 것은 의미가 없으며, 관찰자와 대상이 서로 하나가 되어 서로에게 영향을 주게 된다는 것이다. "관찰은 관찰자가 느낄 수 있는 어떤 영역을 낳는다." 쉘드레이크는 이렇게 요약하고 있으며, 다시 생물체가 만드는 형태 발생의 장에 대해서 이야기한다. 즉, 이 영역에 정보와 경험이 모여지고, 집합기억 같은 것을 형성하게 되는 것이다. 그는 소위 '초능력'이란 생물학적 유전에 그 뿌리를 찾을 수 있고, 동물들에게서 더욱 두드러진다는 확신을 갖고 있다. 어떤 특정 현상에 대한 기존의 모든 설명은 단지 기존의 감각과 물리적인 힘에 의해 검토된 것으로, 충분히 반증의 여지가 있게 마련이다.

쉘드레이크의 목표는 정확하게 분석되고 기록된 막대한 분량의 자료수집을 통해 적절하고 경험적인 기초를 세우는 것이다. 물론 그 기초는 공식적인 학문을 통해 이론으로 받아들여질 것이다. 지금은 이 분야에 학문적인 관심을 가지고 시간을 할애하며, 컴퓨터로 필요한 정보를 수집할 수 있는 사람들이 과거 어느 때보다 많다.

자연철학자이자 생물학자인 루퍼트 쉘드레이크는 이 책의 독자들에게도 '세상을 변화시킬 수 있는 일곱 가지 실험'에 동참하기를 권한다. 동물들의 행동을 주의 깊게 관찰함으로써, 우리는 세상에 대해서, 또한 스스로에 대해서 더욱더 많은 것을 발견해 낼 수 있게 될 것이다.

17장
동물들은 죽음을 이겨낼 수 있을까?

죽은 자들은 이곳에 없는 것이 아니라, 단지 우리 눈에
보이지 않을 뿐이다. 빛으로 가득 찬 그들의 눈은 슬픔으로
가득 찬 우리의 눈을 바라보고 있다.
아우구스티누스(Augustinus)

취리히 호숫가의 놀라운 까마귀와 여배우 릴리 팔머의 마지막 삶

랜드로바를 타고도, 골딩엔에서 멀리 떨어져 있는 저택 '라 로마'로 가는 비탈진 길을 올라가는 것은 어려운 일이었다. 나는 텔레비전 프로그램의 사전작업을 위해 영화배우이자 작가인 카를로스 톰슨과 그의 부인 릴리 팔머와 회의를 하러 그들의 집을 방문하기로 했다. 카를로스가 차를 몰고 마중 나왔고, 우리는 취리히 호수 근처의 산 위에 있는 그들의 집으로 향하는 중이었다. 3월임에도 불구하고 이곳에는 아직 눈이 쌓여 있었고, 길은 얼어

서 보통 차로는 도저히 갈 수 없을 정도였다.

산 아래로 호수가 빛나고, 우리 앞으로는 눈 덮인 산이 보였다. 공기는 차가웠지만, 곧 봄이 다가올 것이라는 사실을 예감할 수 있었다.

그런데 갑자기 앙상한 나무들 사이에서 날아온 검은 그림자가 앞 유리창에 부딪쳐 큰 굉음을 냈다. 카를로스는 곧 차를 멈췄지만, 미끄러진 차는 옆에 있는 작은 구렁으로 처박혔다. 너무도 놀란 우리는 차에서 내렸다. 산까마귀 한 마리가 차 위에 떨어져 있었다. 새는 몸을 한번 움찔하더니, 곧 차디찬 마지막 숨을 거두고 빳빳하게 굳어졌다.

카를로스 톰슨은 까마귀의 시체를 눈이 남아 있는 풀밭에 조심스럽게 놓고, 그 위에 조약돌 몇 개를 올려두었다. 작은 무덤을 위한 땅이 너무 꽁꽁 얼어 있는 것이 안타까웠다.

"저 위, 숲속의 우리 집에서는 까마귀가 유일한 친구이지요." 톰슨은 자신의 행동을 설명하기라도 하려는 듯 말했다. "그들은 우리와 함께 산 속에서의 외로움을 달래고, 우리가 따뜻하게 보살펴주면, 그것을 즐기기도 하지요."

몇 분 정도 계속 운전하다가, 그가 갑자기 말을 꺼냈다.

"까마귀의 죽음에 슬퍼할 필요는 없어요. 그 까마귀는 그저 '저 세상으로' 계속 날아간 것이기 때문에, 자신의 죽음을 감지하지 못할 거예요."

처음에 나는 그의 말을 이해하지 못했다. 그리고 흐린 그날 오후, 나는 처음으로 릴리 팔머를 만났다. 그녀는 70세가 넘은 나이였으나, 여전히 부드러운 아름다움과 지적인 매력을 품고 있었다. 우리는 함께 두 예술가에 의해 공동으로 제작되는 텔레비전 프로그램에 대해서 이야기를 나눴다. 프로그램 출연자의 정확한 태도와 입장이 결정되었고, 인터뷰의 테마가 논의되었으며 자세한 시간표가 짜여졌다. 나는 두 사람의 프로정신과 능력에 깊은 인상을 받았다.

시간이 늦어지자, 그들은 나에게 하룻밤 머물다 가라고 권했고 저녁식사 시간에 카를로스는 다시 한 번 그 까마귀의 죽음에 대해서 이야기를 꺼냈다.

"인생이 그렇듯이, 그 새의 죽음은 사건을 같이 겪은 다른 이들에게보다 더 깊은 의미를 가지고 있습니다." 릴리 팔머는 나지막이 속삭였다. "우리는 죽음의 의미를 바로 깨닫지 못하고, 오랫동안 그에 대해 곰곰이 생각하지요. 그러나 우리에게 일어나는 모든 일은 의미 있는 일이에요. 물론, 우리와 아무 관계도 없는 것처럼 보이는 동물들의 죽음에서 그 의미를 이해하기란 쉽지 않지요. 많은 동물들은 자신이 언제 어디에서 죽을지를 의식적으로 결정합니다. 아마도 동물들은 우리에게는 들리지 않는 어떤 다른 세계의 부름을 따르는 것이 아닐까요?"

그녀에게는 지금까지 알려지지 않은 어떤 다른 면이 숨어 있는 것이 분명했다.

"어떤 생물체가 죽음의 길로 가는 것을 볼 때, 언제나 그때가 가장 슬픈 순간이지요." 릴리 팔머가 말했다. "그러나 죽음은 한 방에서 다른 방으로 건너가는 것과 같은 단순한 사건이라는 것을 인정한다면, 새로운 차원의 경험을 하게 됩니다."

카를로스가 말로는 표현할 수 없을 정도로 맛이 좋은 발리스(Wallis) 와인을 내 잔에 붓는 동안 나는 고기 한 점을 썰어 입에 넣었다.

"당신은 사후 세계를 믿으시는군요?"

"믿을 뿐만 아니라, 확신하고 있지요." 릴리 팔머가 말했다.

"그럴 수밖에 없지요." 카를로스 톰슨도 덧붙였다. "이 세상의 모든 생물체는 어떤 에너지로 이루어져 있지요. 그리고 우리가 물리학에서 배웠다시피, 이 에너지는 절대로 소멸하는 것이 아니라, 그저 상태가 변할 뿐입니다."

죽음, 다른 차원의 삶이 있는 사후 세계, 또는 윤회에 대한 상념들은 그 당시 기자로 활동하던 나에게는 낯선 주제였다. 그날 밤, 나는 모든 형이상학적인 것들은 지극히 예술가적인 삶을 기초로 한다는 생각이 들었다. 작가나 미술가, 또는 영화배우들은 초감각적인 시각으로 자신의 존재를 바라본다. 사물 이면의 세계를 감지하고 받아들이는 것은 예술의 본질에 속하기 때문일까.

"당신, 나, 그리고 카를로스는 각자 유일하고 독립된 성격을 가졌어요." 릴리 팔머는 미소지으며 남편의 손을 잡았다. "우리가 무덤 속에서 썩어가야만 한다면 정말 유감스러운 일이지요."

"영혼이나 정신 등의 단어는 바로 한 생물체의 유일성을 의미하는 것이기도 하지요." 카를로스 톰슨은 덧붙였다. "즉, 오늘 제 차에 치여 아마도 죽은 것 같은 그 새의 유일성을 말입니다."

"왜 '아마도'라고 말씀하시는 거죠?" 나는 물었다. "그 새는 분명히 죽어서 몸이 굳은 상태였어요. 당신이 그 새를 땅에 묻었잖아요. 어떤 마술로도 죽은 새를 다시 살릴 수는 없지 않습니까."

"새의 현세의 삶은 이미 끝났지요. 그러나 새는 더 좋은 세상에서 계속 하늘을 날며 둥지를 짓고 까악까악 울어댈 것입니다. 새도 우리와 마찬가지로 진정으로 죽지 않기 때문입니다."

이 말에 내가 당황해하는 것을 알아차린 듯, 릴리 팔머는 친절하게 다음과 같이 설명하면서 남편을 바라보았다.

"우리는 여기 산 속의 까마귀들을 사랑해요. 오늘 오후 당신들이 묻은 새는 아마도 그리트리(Grittli) 였을 거예요. 몇 년 전, 그리트리라는 이름의 새가 옆 동네에 사는 한 노부인의 생명을 구한 적이 있답니다."

우리의 대화가 계속되는 동안, 폭풍으로 창문이 덜컹거렸다.

벽난로의 불씨는 천천히 꺼지고 있었다. 카를로스가 지하 창고에서 또 한 병의 와인을 꺼내오는 동안, 릴리는 그리트리라는 새에

얽힌 아름다운 이야기를 내게 들려주었다.

"이곳 집이 몇 채 없고 게다가 너무 멀리 떨어져 있지요. 우리 집과 가장 가까운 집에 살고 있는 카티라는 노부인은 작년 가을에 나이가 이미 85세였지요. 어느 날 부인은 산책을 하다가 바위에 미끄러져 10미터 아래의 풀밭으로 추락했어요. 많이 다치지는 않았지만, 심한 충격으로 더 이상 몸을 움직일 수가 없었지요. 그때 부인의 머리 위로 산까마귀 한 마리가 푸드덕대는 것이었어요. 부인은 그 새가 자신과 남편이 집에서 종종 먹이를 주고 '그리트리'라는 이름까지 지어준 바로 그 까마귀인 것 같다고 생각했지요."

새 와인을 가지고 돌아온 카를로스는 조심스럽게 코르크 마개를 따고 와인을 술잔에 부었다.

"그 이야기는 정말 이상해요." 그가 부인의 이야기를 이어갔다. "카티 부인은 새에게 간절히 도움을 요청했어요. 새는 곧 2킬로미터 떨어진 농장까지 날아가서 그 집 부엌 창문에 여러 번 날아가 몸을 부딪치는 거였어요. 집에 있던 농부는 새가 두 날개를 편 채 매섭게 창문으로 몸을 날리는 것을 놀라워하며 지켜보았어요."

그가 잠깐 말을 끊어서, 이야기의 긴장감이 더욱 고조되는 것 같았다.

"농부는 새를 쫓아보려고 했으나, 새는 멀리 가지 않고 그 주위만을 계속 맴돌 뿐이었어요. 새는 마치 그에게 무슨 말인가 전하고 싶어하는 것 같았지요. 마침내 농부는 새를 따라가기 시작했어요.

새는 앞으로 날아가면서 가끔 멈추어 그가 계속 따라오고 있는지 확인했답니다."

나는 무슨 영화를 보는 것 같았다. 산 속의 집, 분위기를 살리는 바람의 음향효과, 두 명의 주인공. 그 배경에 어울리는 새 이야기까지.

"짧게 말할게요." 릴리 팔머가 이야기를 계속 이어갔다. "까마귀는 그 농부를 정확하게 부인이 추락한 지점까지 인도한 다음, 그곳 바위에 내려앉아 아래를 내려다보았어요. 카티 부인은 이미 의식을 잃은 상태였지요. 농부는 부인을 혼자서 집으로 옮길 수가 없어 정찰대에 신고하였고, 곧 부인은 병원으로 후송됐어요. 카티와 그녀의 남편은 까마귀가 그녀의 생명을 건졌다는 것을 굳게 믿었지요."

"그 새는 어떻게 해서 부인이 곤경에 처한 걸 알았으며, 도움을 요청하기 위해서 그런 행동을 할 수 있었을까요?" 카를로스는 내가 대답하지 못하리라는 것을 미리 알고 있기나 한 듯이 물었다.

"그리트리는 길들여진 집새가 아니라, 그 집에서 그저 가끔 먹이를 얻어먹었던 야생의 새였답니다."

다음날, 나는 이들에게 텔레비전 프로그램의 인터뷰에서 이 아름다운 까마귀 이야기를 다시 한 번 하도록 했다. 그러자 그들은 윤회와 업보 등과 같은 주제에 대해서도 이야기했으며, 과감히 영혼의 사색이라는 영역까지 이어나갔다.

"우리에게 일어나는 모든 일에는 원인이 있지요." 카를로스는 말했다. "원인은 과거에 속하는 것으로, 현재의 진행방식을 조정합니다. 또한, 영혼을 서로 묶고 시간과 공간을 초월하는, 분명 눈에 보이지 않는 어떤 끈이 있습니다."

나중에 실제로 방영된 이 프로그램에서는 그들이 위와 같이 말한 부분은 삭제되었다. 그들의 신비주의적인 발언은 다큐멘터리 프로그램의 신빙성에 해가 될 소지가 있다고 판단했던 것이다. 하지만 나는 그 결정을 내린 것에 대해 후회한다. 릴리 팔머는 그 이후 얼마 지나지 않아 '그녀가 있던 방에서 다른 방으로 건너갔다.' 그로부터 몇 달 뒤, 카를로스 톰슨도 스스로 그녀의 뒤를 따랐다.

종교 창시자들은 사후에도 영원히 죽지 않고 살아 있는 영혼의 존재를 인정하는 것을 그 종교의 기본 전제로 삼는다. 기독교가 이것을 단지 인간에게만 국한시키는 데에 비해 다른 종교는 보다 더 폭넓게 수용하여 이 세상의 모든 창조물들을 생성과 소멸의 영원한 순환 안에서 바라보았다.

현대 과학은 '판타 레이(Panta rhei)' 즉, '영원한 흐름'이라는 철학적 원칙을 거스르는 것이 아니며 진화의 법칙인 존재의 끊임없는 변화를 인정한다.

"죽음은 계속해서 느끼고, 보고, 듣고, 이해하고 웃으며, 계속해서 영적으로 성장해 갈 수 있는 새로운 의식상태로 건너가는 것일 뿐입니다." 죽음 연구가 엘리자베스 퀴블러-로스(Elisabeth Kübler-Ross)는 말한다.

"전자 음성 현상(Electronic Voice Phenomenon, EVP : 테이프 녹음기 및 그 밖의 전자장치를 이용하여 영혼과 교신하는 것. 책 뒷부분 설명 참조 - 역주)"은 시작된 지 40년이 지났지만 학계에서는 무시되어 왔다. 1959년 여름, 스웨덴의 프리드리히 위르겐손은 새들의 소리를 녹음하다가, 카세트에 녹음된 죽은 사람의 영혼의 은밀한 소리를 들었다고 주장했다. 이 현상이 처음 알려지고 나자, 여러 나라에서 수천 명의 연구자들이 카세트에 녹음된 실험결과를 보내와 기이한 전자음성현상을 다시 한 번 확인시키기도 했다. 게다가 그들이 들은 것은 단지 인간의 음성뿐만 아니라, '다른 세계' 속의 멍멍 짖는 개와 새들의 지저귐 소리도 있었다. 이 현상은 종교나 신학이 아니라, 정신적인 영역에서 해석 가능한 물리학과 생물학에 관련된 것이다.

이렇게 전자기계를 통해서 현세의 의식 저편의 존재에 대한 정보를 받는 것 이외에도, 예전부터 눈에 보이는 세계를 지나 존재의 다른 세계로 갈 수 있는 문을 열어주는 매체들에 대한 이야기는 끊임없이 있어왔다.

영국인 해롤드 샤프는 개인의 자아가 육체에서 빠져나와 시공을 초월한 의식의 세계에 도달하는, 소위 '우주여행'이라고 불리는 훈련을 일주일에 한 번씩 행한다. 그 이전에 심리분석가 칼 구스타브 융은 모든 사람이 자면서 육체를 이탈하는 것과 같은 경험을 하지만 그것을 기억하는 것은 매우 드문 일이라고 말했다. 그러나 샤프의 경우는 특별하다. 그와 동료들은 의식적으로 함께 피안의 세계로 출발한다. 이 세상에 다시 돌아온 그들은 아름다운 산과 숲, 언덕과 골짜기가 찬란한 빛을 받으며 형형색색으로 빛나고 있는 피안의 모습을 그렸다. 이 피안의 세계에는 죽은 사람들과 동물들이 살고 있으며, 이 세상에서 이미 오래전에 멸종한 풀과 나무도 존재한다고 한다.

정신세계에 관심을 가지고, 신비한 힘을 믿는 사람들은 모든 생명체가 각자의 아우라(분위기)를 지니고 있으며, 멋진 육체를 가지고 있다고 말한다. 또한 동물 애호가들은 밝은 오렌지 빛의 분위기를 발하는데, 이 빛이 동물들을 안정시키고, 자석처럼 그들에게로 이끌리게 한다고 한다. 그러나 이들이 두려움을 가지게 되면, 오렌지 빛은 짙은 갈색으로 변해, 동물들을 혼란으로 몰아 그들의 공격성을 자아내게 하기도 한다는 것이다.

페넬로페 스미스는 '영혼의 세계에서 우리가 전혀 모르는 차원의 경험은 언제나 흥미로운 일'이라고 말한다. 그녀가 전한 이야기는 상상 세계 속의 이야기가 아니라, 죽은 동물과 텔레파시를 통해 대화를 나눈 사연이었다.

"우리가 어떤 영혼의 존재와 접촉하면, 그들은 우리에게 이미지로 자신들의 이야기를 전합니다. 그것은 우리의 상상력으로 이해할 수 있으며, 바로 현실이 되는 것입니다." 페넬로페는 자신의 작업에 대해 이렇게 설명한다.

그리고 그녀는 죽은 말 '할아범' 에 대해 전했다. 할아범은 다른 말들과 함께 마법과 같은 사후 세계의 삶을 즐기며, 아름답고 날렵한 몸매에 배고픔과 고통도 없이 행복한 삶을 살고 있다고 한다.

토끼 체스터(Chester)는 죽은 뒤에 도착하게 되는 삶의 정거장이 마치 동화의 나라 같다고 전했다. 그 나라에는 동물의 형상에서 다른 형상으로 바꿀 수 있는 우스꽝스러운 존재들이 가득하다고 말하기도 했다.

나이가 많았던 개 마기(Maggie)는 자신이 도달한 새로운 존재를 '완벽한 모든 것과의 합일체이며, 전체로 가는 시작의 존재' 라고 설명했다. 그러나 마기는 개로 태어나 어렵고 고통스러웠던 지난 순간을 돌이켜보는 것만을 꺼려했다고 한다.

어떤 매개체를 통한 발언은 그것을 듣는 자의 상상력 속에서 이루어지는 주관적인 내용이지만, 객관적인 관점에서 검토해 보아도 무조건 부정할 수만은 없다고 한다.

페넬로페 스미스는 다음과 같이 설명한다. "영혼의 세계는 이 세상에서 우리가 만들어가는 모든 것의 하나의 관점인 것 같습니다."

그는 이 세상이 초감각적인 것들로 가득 채워져 있기 때문에 존재의 핵심인 '자아'는 다양한 육체를 입고 재생할 수 있다고 말한다.

동양의 철학과 종교에서는 동물의 영혼이 물리적인 육체에서 존재하는 동안에 특정한 경험을 하게 되고, 그 경험을 발전시킨 동물로 부활해서, 심지어는 다른 별에 태어나서도 활용할 수 있다고 생각한다. 동양의 종교는 말, 고래, 돌고래, 코끼리, 바다표범과 다른 몇몇 포유류들을 비롯한 동물들이 개별적인 영혼을 가진 존재라는 것을 인정하고, 내세에서는 인간의 모습으로 다시 태어날 수 있다고 믿는다.

"인간과 함께 사는 애완동물들은 미래에 인간의 모습으로 환생할 준비를 할지도 모릅니다"라고 베를린의 환생론자 트루츠 하르도(Trutz Hardo)는 추측한다. "애완동물들은 내세의 도약을 받아들이며, 인간의 삶의 형식을 배워나갑니다. 우리가 그들에게 더 많은 사랑을 쏟을수록, 그들이 더 높은 발전단계로 들어오도록 도와주는 것입니다."

그러면 날아다니고 기어다니는 곤충이나 벌레는 어떻게 된 것일까? 그들은 개별적 영혼처럼 다양한 경험을 하고 그 경험을 통해 성숙해지는 '집단 영혼'을 가졌다고 신비주의자들은 말한다. 동시에 그 집단 영혼은 오랜 선조들의 경험으로부터 나온 지식을 전해 준다고 한다.

집단 영혼 이론을 믿는 자들은 그 증거로 새와 물고기 떼의 조화를 말한다. 그들만의 독특하고 탄탄한 조직은 '자아'의 작용 즉, 집단 영혼의 작용을 통해 설명 가능한 것이다. 그래서 포유류 동물의 육체는 독립적이지만, 서로 유기적인 도움을 주는 수백만의 세포들로 이루어져 있듯이, 발전을 거듭하면서 높은 도약의 수준에 이른 독립적인 영혼들로부터 나오는 집단 영혼의 작용을 생각해야 할 것이다.

"영혼이라고 알려진 것은 우리들의 감각이 미치는 영역 밖에 존재하는 것입니다"라고 동물학자 유진 마라스(Eugene Marais)는 『흰개미의 영혼 (The Soul of the White Ant)』에 기록하였다.

"어느 누구도 영혼을 보거나 냄새를 맡거나 또는 듣거나 느낀 적이 없습니다. 그러나 우리에게는 영혼의 흔적을 찾을 수 있는 두 가지 방법이 있습니다. 저는 내면의 자아 속으로 빠져들어 물리적 육체 속에서 파악할 수 없는 어떤 부분을 감지합니다. 그러나 인간은 자신의 영혼만을 자각할 수 있습니다. 제 동생의 영혼이 흰개미의 영혼처럼 닿을 수 없이 멀리 있는 것처럼 말입니다."

저자는 흰개미 연구를 통해 흰개미들이 의식과 영혼을 가진 것이 분명하다는 결론을 내린다. 열대지방에서 직접 지은, 탑처럼 생긴 집에 사는 이 동물들이 정신적인 존재라는 것이 분명하다는 것이다.

미라스는 남아프리카에서 '길을 만드는' 검은 개미 떼를 관찰할 수 있었다. 이 개미들은 두 줄로 긴 행렬을 이루며 지나가고 있었다. 한 줄은 개미집에서 나와 먹이를 찾고 있고, 다른 줄은 각종 먹이를 낑낑 이고 집으로 돌아가 저장해 두려고 하는 것이다.

"개미들은 우리가 밝혀내지 못한 놀라운 비밀을 간직하고 있지요. 어떻게 하면 씨앗의 싹을 트지 않게 할 수 있는지 알고 있어요. 더군다나 어둡고 습한 땅에 씨앗을 저장해 두는 데도 싹이 트지 않습니다. 현미경으로 봐도 이 씨앗에는 어떤 작은 틈도 보이지 않습니다. 그러나 우리가 이 씨앗을 개미가 두었던 똑같은 장소에 놓아 두면, 몇 시간이 지나서 곧 싹이 나지요."

진화론과도 비슷하게, 아시아에는 영혼이 이동하는 것으로 잘 알려진 윤회설이 있다. 동양의 윤회설에 의하면 '자아'가 돌, 식물, 동물, 그리고 인간이라는 존재를 거쳐 육체가 없는 매우 발달된 순수한 영혼의 형태를 보인다고 한다. 죄가 많은 사람은 내세에 모기로 태어나 그 죄값을 치른다고도 한다. 혹은 그 반대도 가능하다는 것이다.

그러나 윤회설을 쉽사리 믿지 말기를 바란다. 이런 생각은 매우 인간적인 것에 뿌리를 두고 있는 종교 창시자, 철학자와 소설가들의 상상력의 세계에서 유래되었다는 것을 알아야 한다. 그들의 문제는 인간들의 부족한 언어로 시공간을 초월한 세계를 설명하려고 했다는 것이다.

우리의 일상적인 경험으로는 도저히 이해할 수 없는 세계에 대한 질문은 자연과학으로는 절대 설명할 수 없다. 영혼의 소리가 담긴 녹음기나 그 외의 기구를 통한 다른 존재와의 접촉 등에 관한 이야기는 수수께끼와 같다. 그러나 이런 의문에 대한 해답으로 인간의 의식세계와 마찬가지로 또 다른 세계가 있다고 볼 수도 있다. 만일 이런 가정이 사실로 드러난다면, 우리는 분명 자연과 동물, 그리고 사람의 형상에 대한 인식을 새롭게 해야 할 것임에 틀림없다.

미국의 물리학자 프랭크 티플러(Frank J. Tipler) 박사는 눈으로 볼 수 있는 이 우주는 현실의 가장 미세한 부분으로 구성되어 있으며, 인간과 동물, 식물의 모든 삶의 형식은 마치 무기체의 분자처럼 같은 물리법칙을 따른다고 말한다.

또한 모든 생물체의 죽음은 단지 다른 의식의 세계로 이동하는 것일 뿐이라고 말한다. 티플러의 이론에 의하면 사후에는 두 종류의 삶이 존재한다. 그 하나는 인간이라는 육체를 가진 삶이고, 다른 하나는 말 그대로 우주영혼의 세계로 가는 영원한 삶이다.

그 과정은 물론 너무나 복잡해 감히 상상할 수 없다. 우리는 언제나 현재의 시간과 공간을 초월해서 생각할 수 없기 때문에 더욱 그렇다.

분자 물리학자 프리초프 카프라(Fritjof Capra)는 세상의 모든 삶, 즉 모든 종류의 동식물의 삶에서 부활이 일어난다는 이론이 자연과학적으로도 가능하다고 본다. 노벨상 수상자인 브라이언 존슨

(Brian Johnson)도 사후에 '더욱 멋진 세계'가 있다고 말한다.

우리는 아마도 지금까지 단지 하나의 신화로만 치부되어 오던 것들이 사실은 전혀 다른 현실세계에 관한 예술적인 묘사였다는 것을 깨닫게 될 것이다. 물리학자들은 종교예언가들만의 영역이었던 현실 너머 다른 세계의 문턱을 넘어서려 하고 있다. 획기적인 죽음 연구의 결과는 자연과학과 영혼에 관한 지식을 서로 묶는 것이었다. 물론 그 안에는 우리의 이웃인 동식물도 포함되어 있다.

사후 세계에서 온 것일까?

비엔나의 작가 페터 크라사(Peter Krassa)는 자신이 기르던 고양이 '메피스토'의 죽음으로 몇 달 동안 비탄에 잠겨 있었다. 그는 백혈병으로 고생하는 메피스토에게 안락사 주사를 맞혀야만 했던 것이다. 그로부터 4개월 후, 특별한 일이 일어났다. 한밤중에 잠에서 깨어난 크라사는 이불이 움직이는 것을 느꼈다. 그는 이 느낌을 알고 있었다. 메피스토는 자기 전에 찬 공기를 들이마시기 위해 앞발로 이불을 뒤척거리곤 했기 때문이다. 그와 동시에 그는 자신에게 친숙한, 절대로 놓칠 수 없는 메피스토의 울음소리를 들었다. 마치 고양이가 유리벽 안에 갇혀 있는 듯한 약한 소리였다. 크라사는 그 보이지 않는 메피스토와 이야기를 나누면서, 계속 이불의 뒤척거림을 느꼈다. 또한, 메피스토의 앞발을 촉감으로 느끼고 계속 나지막한 야옹 소리를 들었다. "이 현상이 얼마 동안이나 지속되었는지 말하기는 어렵습니다." 페터 크라사는 회상했다. "단지 제가 꿈을 꾸고 있었던 것이 전혀 아니라는 것만을 확신할 수 있을 뿐입니다."

18장
우리는 이렇게 서로 이해할 수 있다

우리는 언제나 인간과 동물들 간의 우정을 존중해야 한
다. 또한, 우리와 친하게 지내려는 그들의 바람도 존중해
야 할 것이다.
페넬로페 스미스(Penelope Smith)

**동물과 대화하는 동물학자들의 이야기. 어떻게
우리는 그들의 언어와 감정, 욕구를 이해할
수 있을까?**

모든 촛불이 밝혀
진 성당처럼 밝게
빛나는 거대한 우
주선이 육지에 내려오면, 인간과 외계인의 대화가 시작된다. 특정
한 리듬으로 반짝이는 알록달록한 빛은 주변을 온통 밝게 비추고,
높고 깊은 전자 오르간의 소리의 변화가 긴장감을 더해 준다. 우주
선은 그 빛을 통해 메시지를 전달받고, 역시 같은 방식으로 빛을
통해 메시지를 보낸다. 스티븐 스필버그 감독은 그의 영화 〈미지
와의 조우〉에서 우주에서 온 지능적인 생물체와 대화하는 장면을

묘사하기 위해, 나사(NASA) 연구가들의 조언을 따랐다. 그러나 우리는 전혀 외계인들의 출신과 외양, 언어와 역사 등에 대해서 전혀 아는 바가 없다.

그러나 지구에도 할리우드의 영화에 등장하는 '에이리언(Alien)'과 비슷한 생물체가 존재한다는 것을 알고 있는가? 깊은 해저의 문어나, 갈라파고스의 거북의 눈을 들여다보면 우리가 잘 모르고 있었던 이들의 지혜로움에 매료될 것이다.

외계인들과 지적인 대화를 나눌 기회가 아직 주어지지 않은 지금, 우리는 지구에 함께 사는 우리의 이웃들과 대화할 수 있는 방법을 찾아야 한다. 여기서 말하는 이웃이란 바로 우리 곁의 이웃뿐만 아니라, 다른 나라의 이웃들까지도 모두 포함하는 것이다. 물론 이때는 외국어에 대한 지식이 대화를 위해 큰 도움이 될 것이다. 그러나 무엇보다 잊어서는 안 될 것은 우리의 또 다른 이웃인 동물들과의 대화이다. 여기 그것을 위한 다양한 방법을 나열해 보겠다.

1. 제스처
2. 소리와 움직임에 의한 신호
3. 생각과 감정의 전이, 즉 텔레파시
4. 동물들에 관한 명상

외국어를 체계적으로 공부해 본 경험이 있는 사람이라면 외국어를 습득하기 위해 얼마나 열심히 공부하고 꾸준히 훈련하며 많은 시간을 투자해야 하는지 알 것이다. 우리 이웃과의 대화 또한 그런 노력을 필요로 하며, 끈기와 그들을 향한 애정이 특히 중요하다.

동물들의 장점은 현재를 가장 중요하게 생각한다는 것이며, 미래에 대한 쓸데없는 걱정을 함으로써 시간을 낭비하지 않는다는 것이다. 인간은 미래를 생각하고 걱정하며, 또 의미 있게 설계해 나가려는 노력들로 끊임없이 스트레스를 받는다. 이렇게 인간은 여유 없이 보다 더 넓은 세상과의 삶의 대화에 동참하지 못하는 것이다.

발달된 현대사회에서는 인간과 동식물 세계와의 순수한 관계가 거의 사라져버렸다. 동물들은 여전히 그 자리에 존재하지만, 계속해서 우리에게서 멀어지고 있다. 기술이 아직 발달되지 않았던 사회에서는 인간과 동물의 우애관계가 존재했다. 그러나 우리는 자연으로부터 점차로 멀어진 반면, 동물들은 자신의 본연의 모습과 주위환경에 여전히 충실했다. 결국, 인간과 동물이 다시 친구가 되는 일은 우리에게 달려 있다.

우리가 네 발 달린, 또는 날개 달린 친구들의 다채로운 이야기들을 들으려 하지 않고, 그들을 그저 우리의 명령만 따르는 하인처럼 다룬다면, 진정한 연대감이 어떻게 형성될 수 있겠는가? 우리는 그들과의 좋은 관계를 위해 그들이 보내는 신호를 올바로 해석해서, 그들의 필요를 알고 그에 맞게 반응해야 한다.

이를 위한 첫 번째 발걸음은 앞에도 언급했듯이, 바로 그들의 제스처를 배우는 것이다. 그것은 인간을 포함한 모든 포유류가 소리내지 않으면서도 자신의 상태와 욕구, 바람 등을 정확하게 표현할 수 있는 방법이다. 의식적인 행동 이외에, 예를 들어, 교미를 할 때에도 그들은 제스처로 무언가를 표현하기도 하는데, 그것은 본능적이라기보다는 삶 속에서 습득한 것이다. 동물들은 이처럼 다양한 제스처로 분노와 놀라움, 기쁨과 애정 등의 감정과 느낌을 표출해 낸다. 색, 냄새, 접촉과 움직임에 대한 반응도 이 육체언어에 속한다.

고슴도치의 겨울나기를 위해 집을 지어준 사람은, 그들이 그 집에서 얼마나 편히 쉬는지 쉽게 관찰할 수 있다. 우리가 고슴도치를 부르면, 그들은 안식처에서 나와 우리가 준비해 준 먹이를 먹고, 손으로 쓰다듬어도 가시를 세우지 않는다.

개가 잠을 자면서 갑자기 다리와 발을 떠는 것은 분명히 풍부한 경험을 했던 그날 하루를 꿈속에서 마무리하는 것이리라. 고양이가 앞발을 세우면 칼같이 날카로운 발톱으로 우리에게 덮칠 것을 조용하고도 분명하게 경고하는 것이다.

그러나 우리는 특정 동물의 얼굴 표정을 그들의 성격과 연관짓는 경향이 있다. 낙타의 얼굴 표정이 건방지고 오만한 사람과 비교될 수 있을지 모르나, 밑으로 쳐진 입가의 주름이 결코 늘어진 성격과 생활태도를 의미하는 것은 아니다. 독수리는 자존심이 세고,

부엉이는 영리하다고 하는 것도 잘못된 선입견이다. 동물의 신체적인 모습만을 보고 전형적인 인간의 모습과 억지로 비교한 것일 뿐이다. 거위의 명예회복을 위해 말하자면, 거위가 머리를 조금 높이 쳐든다고 해서 건방지고 멍청하다고 해서는 절대로 안 될 것이다.

동물의 종류와 그 성격이 매우 다양한 것처럼, 그들의 언어 또한 매우 다르다. 그들의 행동을 관찰하는 것은 마르지 않는 기쁨의 샘이다. 곤충, 뱀, 새, 물고기와 포유류를 관찰해 보면 제각기 다른 성격을 가지고 있다는 것을 알 수 있다.

어떤 한 동물이 윙윙거리거나 기거나 날고, 헤엄을 친다. 인간이라는 동물은 다혈질의 우울증 환자, 낙천주의자로 살아가기도 하고, 조용하고 차분한 성격으로 신 앞에 나아가기도 한다. 동물들에게도 역시 사후 세계에 중요한 영향을 주는 삶의 단계가 있다. 때문에 동료뿐만 아니라, 다른 동물들과의 관계가 설정되는 것이다.

우리가 애완동물을 기를 때, 단순히 키우는 것에만 골몰하지 않는다면, 그들에 대해서 더 많은 것을 알게 될 것이다. 따라서 꾸준히 관찰해 보면, 그들의 얼굴표정과 몸짓을 이해할 수 있을 것이다. 처음에는 우리가 동물의 행동을 의인화시키는 경향이 있어서 그들의 몇 가지 신호를 잘못 해석할 수도 있을 것이다. 그러나 점차로 우리가 이제까지 알지 못했던 그들만의 삶의 법칙과 놀라움과 경이로 가득 찬 그들의 작은 우주와 만나게 될 것이다.

19장
나무와의 대화

나무 꼭대기 위로 세상은 살랑거리고, 뿌리는 영원 속에
묻혀 있네. 그들은 결코 자기 자신을 잃지 않네. 그저 모
든 힘을 다해 삶, 그 하나만을 위해 애쓰네. 그들 안에 자
리잡은 그들만의 법칙대로 그들만의 모습을 만들어가며
자신을 보일 수 있는 그 하나만을 위해.
헤르만 헤세(Herman Hesse)

**나무들에게 힘을 북돋워주고, 그들에게 배우며
이야기를 나눌 수 있는 방법에 대한 이야기**

집 근처의 숲으로
매일 산책을 나가
는 나는 항상 숲
에서 들리는 여러 속삭임과 향기 그리고 색깔을 음미하곤 한다. 마
치 바다가 끊임없이 바뀌는 빛으로 항상 다른 모습을 보이는 것처
럼, 숲의 정경 또한 빛에 반사된 모습에 따라 다채롭기 그지없다.
그 어느 곳에서라도 계절의 변화를 이보다 더 강하게 느끼지는 못
할 것이다. 거기에 한 그루의 나무가 서 있다. 작은 오솔길이 휘어
지는 곳에 서 있는 장엄한 너도밤나무. 몇 해 전부터 그 나무는 나

의 마음을 사로잡았다. 나는 나무에게 다가가 고개를 살짝 숙여 인사하면서, 껍질을 쓰다듬고, 거대한 나무기둥에 몸을 기댄다. 그러면 내 안에 있던 긴장감이 서서히 풀리면서 보호받고 있다는 포근함과 안정감을 되찾게 된다. 심지어 다른 곳을 여행하고 있는 중에도 문득 자신의 자리를 언제나 꿋꿋이 지키고 늠름하게 서 있을 이 고목을 떠올리면서 그리워하곤 한다.

땅속 깊이 뿌리를 박고, 하늘 높이 가지를 쭉 뻗고 있는 이 나무는 나에게 언제나 영원의 상징이 되어왔다. 고요히 서 있는 나무를 볼 때마다 나는 하나의 세상을 느낀다. 나무는 시간의 흐름 속에서 누구보다 여유롭게 해가 뜨고 지는 모습을 좇고, 달이 떠올라 둥글게 영글다 다시 가라앉는 풍경을 바라보며, 바람과 비와 추위를 느낀다. 나무 앞에서는 노루도 여우도 그 누구도 몸을 숨기지 않는다. 부끄러움을 많이 타는 새도 그 나뭇가지 위에서 고요한 휴식을 취한다.

이렇게 나무는 탄생과 성장, 소멸이라는 자연의 순환을 그대로 보여주는 오래된 인간의 친구이다. 나는 의미 있는 세상의 진리, 삶의 기쁨을 느끼게 해주는 이 나무에게 감사할 따름이다.

비공식적인 이야기이지만, 영국의 찰스 황태자는 자신의 영지에 있는 꽃과 채소, 나무들과 이야기할 수 있다는 이상한 발표를 한 이유로 아직 영국의 왕이 되지 못했다는 이야기가 있다. 이런 그의 행동은 그의 조상들과 별 다를 바 없는데, 옛사람들에게는 동식물이나 바위조차도 인간처럼 정신과 의식의 세계를 가지는 하나의 생물체로 간주되어 왔다.

시간이 흐를수록 많은 사람들이 자신이 존재하는 이 세계와는 다른 세계를 발견해 나가고 있다. 그들은 모든 힘의 원동력이 되는 곳을 찾기 시작했고, 일상적이고 측정 가능한 구체적인 세계 이외에 더 넓고 포괄적인 정신과 영혼의 세계가 존재하고 있다는 것을 주지하기 시작했다.

스위스의 환경연구가 야콥 외르틀리(Jakob Oertli) 박사는 자연을 바라보는 샤머니즘적 시각은 자신의 존재에 대한 새로운 이해를 가능하게 한다고 말한다.

그는 그의 저서 『샤머니즘 훈련』에서 "숲으로 가서 한 그루의 나무를 고르세요"라고 말한다. "그 나무를 두 팔로 안아보세요. 그리고 계속해서 나무를 찾아가 그를 느껴보세요. 시간이 지나면서 당신은 나무에게 믿음을 느낄 것이며 그와 이야기할 수 있게 될 것입니다. 나무에게 자신의 삶에 대해 물어보고, 당신에게 하고픈 말은 무엇인지 물어보십시오. 당신은 그 대답에 무척 놀랄 것입니다."

외르틀리는 한 소나무와의 만남에 대해 이야기하면서, 그가 들은 소나무의 이야기를 전하기도 하였다. 소나무는 그에게 이렇게 이야기했다고 한다. "나는 당신들처럼 그렇게 쉽게 몸을 움직일 수는 없지만, 많은 것을 볼 수 있답니다. 당신들은 이곳을 언제나 빨리 스쳐 지나가기 때문에 이곳에서 무슨 일이 벌어지고 있는지

238

잘 모릅니다. 여기에 잠시 머물러 보는 것이 어떨까요?"

나무와의 대화는 앞 장에서 소개된 동물과의 대화와 비슷하며, 시간과 끈기 그리고 마음에서 우러나는 애정이 바탕이 되어야 한다.

"저는 몇 년 후에 우리가 다른 생명체와 자연스럽게 대화를 나누게 될 것이라고 믿습니다"라고 자연요법 치료사 페터 잘로허(Peter Salocher)는 말한다. 나무들로부터 깊은 영감을 받은 그는 카운슬러 디터 부흐저(Dieter Buchser)와 함께 책 『에너트리 Enertree』에서 다양한 종류의 치유력을 가진 나무를 소개하였다. 또한, 그는 이 책의 제목으로 영어로 에너지(Energy)와 트리(Tree)를 합쳐 '에너트리' 라는 용어를 만들었다.

잘로허는 어린 시절부터 나무를 타며 놀거나 그늘에서 휴식을 취했고, 나무들과 이야기를 나누었다. 어른이 된 후에도 그는 계속 나무에게 여러 가지 질문들을 던지곤 한다. 그러던 어느 날 마침내 나무들은 그에게 대답했고, 그는 나무의 마법 같은 치유력에 대해서 많은 이야기를 듣게 되었던 것이다. 그는 현재 자작나무, 소나무, 밤나무 등을 자신의 치료방법에 활용하고 있고, 나무의 영적 에너지에 관한 세미나를 열어 많은 사람들에게 감명을 주고 있다.

나무는 역사의 산 증인이며 빛의 창고이다. 페터 잘로허의 견해에 따르면, 모든 나무는 각각 독특한 영적인 힘을 가지고 있다고 한다. 보리수는 합일을, 자작나무는 아름다움을, 단풍나무는 불멸을, 너도밤나무는 존재의 영원함을 나타낸다.

또한 각각의 나무들은 자기 특유의 분위기를 내뿜고 있는데, 바로 이것이 사람에게 에너지를 주어 병을 낫게 할 수도 있다는 것이다. 예를 들어, 버드나무는 자신을 절제하지 못하고 화나 미움 같은 좋지 못한 감정을 다른 이에게 표출하는 사람들의 마음을 다스리는 데에 효과적이라고 한다. 소나무는 '나에게 모든 책임이 있고, 나는 살 자격이 없어'라는 자책으로 삶의 즐거움을 외면하는 사람들의 치유를 돕는다. 밤나무는 기쁘고 명랑해질 수 있는 방법을 가르친다. 나무가 발산하는 에너지는 스트레스와 의무감으로 삶이 얼마나 아름다운지 까맣게 잊어버린 사람들을 돕는다. 떡갈나무는 운명을 결정하고 만들어갈 수 있는 자유와 즐거움을 가르쳐주고, 자신의 운명과 화해할 수 있도록 알려준다. 살면서 억울한 일을 많이 당한 사람들에게 좋은 것이다. 보리수의 에너지는 외톨이나 이기주의자 또는 스스로 어디에도 속하지 못하는 아웃사이더라고 느끼는 사람들에게 좋다.

"이런 에너지와 그에 따르는 효과는 영혼의 교류를 통해서 받을 수 있습니다. 마치 좋은 친구처럼 나무에게 말을 걸고, 그와 함께 마음으로 대화를 나누는 것은 가능한 일입니다"라고 잘로허는 말한다.

식물들은 우리가 생각하는 것과 느끼는 것에 반응을 보이며 인간의 의식세계와 다시 가까워질 수 있다는 것에 큰 기쁨을 표하는 것을 알 수 있다. 그렇기 때문에 더더욱 나무와의 대화는 누구에게

나 가능할 것이다.

"물론 나무들은 우리처럼 소리를 내어 말을 할 수는 없지만, 우리에게 마음으로 메시지를 전달할 수 있습니다."

우리가 보고 듣고 하는 평범한 감각에만 치중해 일상생활을 살아가다 보면, 직관은 잠이 들고 무뎌지게 마련이다. 그럴수록 나무들의 속삭임에 귀를 기울여 보는 것이 어떨까.

한 나무는 언젠가 잘로허에게 이렇게 말했다고 한다. "태초에 사람들이 아직 이곳에 오기 전에, 우리는 이미 이곳에 자리를 잡았지요. 우리는 당신들에게 불을 선사했고, 당신들을 보호하며, 세상 구성 요소의 균형을 유지합니다. 우리는 당신들을 도울 수 있습니다. 그러나 당신들이 우리를 보지 않는데, 어떻게 당신들에게 다가갈 수 있을까요?"

잘로허와 부흐저는 현재 그들의 치료실이나 강연회에서 여러 가지 종류의 나무토막을 활용하고 있다. 나무의 에너지를 널리 퍼뜨리기 위해 나무토막에 그 성향에 맞는 오일을 바르는데, 이로써 에너지의 상승 작용이 일어난다. 일상생활에서 이런 나무토막들을 응용하는 방법은 상상을 뛰어넘을 정도로 다양하다. 침실에 놓여진 너도밤나무 토막은 일상의 문제에 거리를 두고 휴식을 취할 수 있도록 해준다. 밤나무로 만들어진 책상은 여유롭고 포근한 느낌을 준다. 그들은 이 효능을 믿지 못하는 회의론자들에게 아무런 편견 없이 실험해 보라고 권유한다. "자신의 마음을 나무에 맡기

는 사람은 천천히, 지속적으로 영혼이 성장해 나가는 것을 느끼게
됩니다."

현재 우리가 생각하는 것보다 훨씬 더 많은 사람들이 나무들과
마음의 언어로 대화를 나누며, 명상을 통해 나무의 치유 에너지를
경험하고 있다. 넘치는 힘을 가진 활엽수들의 사진은 병자의 건강
을 되찾는 데에 영향을 준다고 한다. 우즐라 요양소의 원장인 페터
숄츠(Peter Scholz) 박사는 지구르트 엘러르트(Sigurd Elert)의 사진을
지압, 대화와 유사요법 등이 골고루 조합되어 있는 일종의 치료도
구로 여긴다. 특히 신경성 류머티즘처럼 신경에 장애가 있는 환자
들에게 더욱 효과가 좋다고 한다. 그 의사는 요양소의 환자들에게
다양한 숲 그림이 그려진 사진이나 그림을 주고 그 그림을 방으로
가져가서 수시로 보도록 한다. 나무판에 담긴 사진은 환자들에게
특별한 에너지를 전달하고, 그 기를 받은 환자들은 몸이 간지러운
듯한 이상한 느낌을 갖게 된다고 한다. 나무가 가진 비밀스러운 효
과가 사진을 통해서 나타나는 것이다.

중병을 앓던 사진사 지구르트는 여자친구와 함께 유럽의 마지
막 원시림인 폴란드와 러시아 국경지대를 찾았다. 이미 그곳에서
여러 번 건강을 회복했던 경험이 있던 그는 이번에도 역시 자신의
육체적인 고통이 줄어들기를 희망했다. 그는 여자친구와 함께 숲
속에서 명상을 하고 나무에게 어떤 풍경이 담긴 사진을 찍으면 좋

을지 물어보았는데, 바로 그때 나무로부터 사진촬영을 위한 구조, 거리와 너비 등에 관한 구체적인 답을 들었다고 한다. 예전에는 사진 찍는 것에 그다지 관심이 없었던 그의 여자친구도 숲과 대화를 한 뒤, 무척 아름다운 풍경을 사진에 담았다. 결국 지구르트는 건강을 되찾았고, 그가 찍은 고요하고 고독한 숲의 사진들은 다른 아픈 사람들의 치유를 돕는 데 쓰이고 있다.

홀로 서 있는 고목은 우리에게 특히 강한 매력을 발산한다. 나무는 걸을 수도 없고, 미래를 위한 계획을 세울 수도 없지만, 자극과 위험에 반응을 보인다. 나무들은 주변 환경에서 무엇을 감지하고 있는 것일까? 우리에게는 보이지 않는 어떤 세상에 대해서 알고 있는 것은 아닐까?

"나무는 우리의 형제에요"라고 자연철학자 클라우스 미하엘 마이어 아비히(Klaus Michael Meyer-Abich)는 말한다. "그러니 우리가 서로를 인정하고 이야기를 나누는 것은 당연한 일이지요."

진화론에 따르면 나무는 바다에서 뭍으로 올라왔으며 지구에서 가장 오래되고 큰 생명체로서, 다른 식물과 마찬가지로 광합성을 통해 대기의 합성을 바꾸어 사람이 살 수 있도록 지구를 변화시켰다고 한다.

그리고 이 완벽한 생명체는 마침내 가장 크고 힘차며 오랜 수명을 유지하는 유기체가 되어 이미 몇천 년 전에 빽빽한 숲을 이루었고, 전 세계를 뒤덮었다. 대서양에서 우랄 지방까지 유럽 대륙을 대표하는 것은 숲이었고, 늑대와 곰, 여우와 부엉이에게 안전한 보호막과 집이 되어주었다.

"나무를 보면 자연의 역사를 알 수 있습니다. 역사라는 것이 인간에게서 처음 시작된 것은 아닙니다"라고 마이어 아비히는 말한다.

괴테는 식물과의 의사소통에 대한 연구를 하였고, 그의 곁에 있는 자연도 영혼을 지닌 존재라는 것을 당연하게 생각하였다. 나이가 들어 비스마르크 재상은 힘을 얻기 위해 전나무 숲 주변을 산책했으며 싯다르타 왕자는 무화과나무 아래에서 석가모니가 되었다. 여류시인 엘제 라스커 쉴러는 작은 숲에 마가목을 심고자 했다. 동료 시인 헤르만 헤세는 "나무는 제게 언제나 멋진 영감을 불러일으키는 전도자였습니다"라고 그녀에게 편지를 보냈다. "저는 숲에서, 작은 뜰에서 친구와 가족과 함께 무성히 자라고 있는 나무들에게 찬사를 보내는 바입니다. 그러나 홀로 서 있는 나무에게 더욱더 많은 찬사를 보냅니다. 홀로 서 있는 나무는 고독합니다. 그런 나무는 세상을 등지고 도망가는 은둔자가 아니라, 베토벤이나 니체처럼 세상으로부터 고립된 대가들과도 같습니다."

우리는 고목이 그 주변에서 일어나고 있는 많은 것들을 다 알고 있으리라고 생각하기도 한다. 캘리포니아 숲의 매머드 나무(세쿼이아)나, 북부 프랑켄 지방의 나겔 성에 있는 몇천 년 된 소나무를 가까이에서 바라보았던 적이 있다면, 이 오랜 존재에 대해 경외심을 느끼지 않을 수 없을 것이다.

동물과 마찬가지로 식물도 복잡한 진화의 과정을 거쳐 결국에는 하나의 독립적인 의식을 갖게 되는 것이 아닐까? 인간뿐만 아니라, 동식물에게도 의식을 담당하는 특정한 부위를 찾아낼 수 없다. 현대 과학도 여기에 대해서 아직 아무런 답을 찾지 못하고 있으며, 그래서 자아의 문제가 더욱 중요해진다. 인류 역사 최후의 커다란 수수께끼인 "나는 누구인가?"라는 질문에 대해서 어떤 학문도 아직 그 답을 찾지 못하고 있는데, 어떻게 우리가 감히 동식물의 의식에 대해서 알고 있다고 말할 수 있겠는가?

인간과 동물의 두뇌를—식물에게는 이와 비슷한 기관이 어떤 것일까?—근육을 움직이고, 그로써 행동을 가능하게 하는 정보처리작업을 담당하는 기계처럼 여기는 것은 어렵지 않다. 그러나 두뇌에서 처리된 감각인상이 어떻게 느낌과 의식의 형태로 나타나는 것인지는 여전히 설명이 되지 않는다.

오스트레일리아의 노벨상 수상자이자 외과의사인 존 에클스(John Eccles)는 일생 동안 만 명이 넘는 환자들의 뇌수술을 했지만, 두뇌 어디에서도 환상과 창의력, 감정을 느끼는 부분을 발견하지 못했다고 한다. "자아라는 것은 마치 머릿속에 있는 피아노를 연주하기 위해 날아드는 박쥐와 같아요. 콘서트가 끝나고 나면, 피아노는 사라지고 박쥐는 다시 날아가버리죠." 에클레스는 텔레비전 인터뷰에서 이와 같이 말한 바 있다.

우리 모두는 '자아'를 가지고 있다. 그러나 그것이 도대체 무엇일까? 동식물도 역시 '자아'를 가지고 있는 것일까?

프랑크푸르트의 철학자 토마스 메칭거(Thomas Metzinger)는 의식에 관한 이 수수께끼의 해답은 '최초의 질서에 대한 학문의 혁명'이며, '모든 다른 변혁 이론보다 더 큰 사회적이며 문화적인 작용'을 펼치게 될 것이라고 한다.

카이저스라우테른에 있는 광선분석협회의 물리학자 프리츠 알베르트 폽(Fritz Albert Popp) 박사가 인간과 동식물 사이의 대화에 비밀의 열쇠를 찾아낸 것은 아닐까? 그는 모든 생명체는 보이지 않는 빛으로 둘러싸여 있다는 것을 발견했다. 그의 이론에 의하면, 살아 있는 모든 세포에서 발산되는 매우 희미한 이 빛은 정보를 전달하는 물리적 힘을 가진 레이저 광선과 비슷하다고 한다. 이로써 폽은 자연과 대화할 수 있는 단초를 발견할 수 있을지도 모른다. 즉, 한 생물체의 빛이 다양한 속도로 다른 곳으로 이동하는 것이다.

폽 박사는 '광 증폭 투시경'을 이용해 '생명의 빛'을 눈으로 볼 수 있게 했다. 이 방법을 통해서 풀줄기, 장미꽃, 물에 사는 플랑크톤 등과 같은 미세 동물, 또는 사람의 손에서도 빛이 나는 것을 볼 수 있다. 이때, 빛은 그 생명체의 현재 상태에 따라서 매우 다르게 나타난다. 달걀의 색과 빛의 강도를 측정하면, 그 달걀이 야생 닭의 알인지, 사육하는 닭의 알인지 알 수 있다고 한다. 채소와 과일의 실험에서도 이와 비슷하게 그 성장배경과 상태에 따라서 상이한 결과가 나타났다.

"우리는 '품질' 좋은 식료품을 먹습니다"라고 그 학자는 말한다. 그가 발견한 생명의 빛은 모든 종류의 유기체의 삶의 관계를 변화시킬 수 있을 것이다.

저널리스트 다그니(Dagny)와 화학자 임레 케르너(Imre Kerner) 박사는 다그니의 책 『장미의 부름』의 집필을 위해 미국 오레곤 주의 깊은 산속에서 가족과 함께 살고 있는 물리학자 와그너를 방문했다. 오랜 시간에 걸친 복잡한 실험을 통해 그는 나무가 해충의 피해와 나무를 베는 나무꾼들의 위험을 동료 나무들에게 미리 경고할 수 있는 알람 시스템을 갖추고 있다는 것을 발견했다.

"우리는 이렇게 여기 앉아 있지요. 그동안 우리 주변에서는 나무들끼리의 교류가 일어나고 있다는 것을 저는 확신합니다." 와그너는 그를 찾아온 이들에게 이렇게 말하는 것이었다. "우리가 이 대화를 느끼지 못한다고 그 자체가 존재하지 않는다고 말할 수는 없습니다."

위험이 다가와도 나무는 도망칠 수 없다. 하지만 신진대사를 바꾸어 송진의 분비량을 증가시켜 자신의 상처를 보호할 수 있다.

테네시 대학의 박사학위 논문에서 와그너 박사는 나무가 미래에 닥쳐 올 사건을 예측하며 여기에 반응한다는 놀라운 관찰 기록을 남겼다.

몇 달 동안에 갑자기 모든 전나무가 평소보다도 더 많은 양의 씨를 생산해, 그 씨앗이 골짜기 전체를 뒤덮는 일이 관찰되었다. 그로부터 2년 후 건기에, 번개로 산불이 일어났다. 거의 모든 전나무가 산불로 타버렸지만 그 일이 있기 2년 전에 바람이 풍성한 양의 씨앗을 사방 60킬로미터까지 실어 보냈기에, 그곳에는 어린 나무들이 자랄 수 있었다. 그 어린 나무들은 이제 다시 많은 양의 꽃을 피우고, 그 씨는 바람을 타고 산불로 황폐해진 골짜기로 다시 되돌아오고 있다.

"실제로 나무들 사이에서 그들만의 신호전달이 이루어지고 있다는 것을 측정할 수 있었습니다. 신호를 주고받는 것이 바로 그들만의 의사소통 방식인 것입니다."

숲은 인간 삶의 근본이 된다. 깨어 있는 감각으로 숲 사이를 거닐어보면, 식물나라의 리듬과 맥박의 고동소리, 호흡을 느낄 수 있다. 수없이 많은 개인들로 인류가 이루어진 것처럼, 숲속에도 개별적인 삶의 욕구와 서로 다른 습관을 가진 다양한 나무와 식물들이 존재한다.

바로 여기에서 삶의 의미를 찾는다면 어떨까? 숲속에 머물면서 그 열쇠를 풀고자 하는 사람은 그곳에 매크로코스모스와 마이크로코스모스, 즉 대우주와 소우주가 공존한다는 것을 발견할 것이다. 작고 약하며, 위험한 삶이 나름의 방식대로 진행되고 있는 땅으로 순진한 시선을 돌리면, 다른 세계가 열린다. 이 세계는 대부분 보이지 않고, 위에서 떨어지는 것을 그대로 받아들이며, 살랑거리는 잎으로 덮여 있다.

하지만 이런 숲속의 작은 삶들도 누군가가 보아주고, 인정해 주기를 기다린다. 아니 무엇보다 그들 자신이 누군가에게 의해 발견되기를 기다린다.

시든 나무에는 발톱을 연상시키는 버섯들이 자라나고, 어린 양치류들은 빛을 향해 몸을 움직이려고 안간힘을 쓴다. 나무 아래쪽의 이끼는 운집한 버섯무리 주변으로 작은 줄기들을 뻗어간다. 숲속에서는 어떤 비밀도 드러나지 않은 채로, 흐리고 고요한 삶의 감정들이 녹아 있을 뿐이다. 숲속을 산책하는 이유가 있다면, 숲속 땅의 눈에 띄지 않는 작은 삶의 모습들을 우리의 존재에 대한 생각과 관련시키는 것이 바로 그 이유일 것이다.

20장
다정한 친구, 식물

내가 휴식을 취하던 좋은 사과나무 한 그루가 있었다.
달콤한 맛과 상큼한 향기로 나를 유혹하던…….
루드비히 울란드(Ludwig Uhland)

눈물을 흘리고 시를 쓰는 나무들, 느끼고 반응하는 식물들과의 교감에 대한 이야기

중국에는 눈물을 흘리고 우유를 만드는 나무들이 많다고 한다. 산동 지방의 한 사찰에 있는 4백 년 된 측백나무의 소식을 규칙적으로 전하는 신문사도 있다. 또한, 매일 밤 25미터 높이의 나무는 순례자들을 유혹하고 있다고 한다.

이 나무는 보름달이 뜨는 날 밤에 우유같이 하얀 액체를 여러 차례 내뿜고, 마치 노인의 기침처럼 콜록콜록하며 힘겨운 숨을 내쉬기도 한다.

식물학자들이 이 나무를 연구한 결과를 발표한 적이 있었다. 자신과 맞지 않는 장소의 공기는 나무의 기도를 막을 수 있는데, 특히 활엽수의 수관에서 가끔 볼 수 있는 현상이라고 한다. 이 나무들은 기도에 들어찬 공기를 없애기 위해 막힌 관 쪽으로 힘껏 압력을 주는데, 바로 이때 신음하는 듯한 소리가 나는 것이다.

고대 중국 문화에서 나무는 태고의 삶의 법칙을 간직한 성인들이다. 나무에 귀를 기울이고 그들과 대화를 나누면, 영원한 삶에 대해서 많은 것을 터득하게 된다고 한다.

그들은 자연의 변화에 대한 믿음으로 힘을 얻는다. 인간보다 더 오래 살아온 그들의 생각은 깊으며 고요하다.

식물도 영혼을 지니고 의식적인 대화가 가능하다는 자연종교의 가르침에 감동을 받은 캘리포니아의 엔지니어 조 산케즈는 자신의 살구나무와 이야기를 나눌 수 있는 방법을 발견해 냈다. 나는 텔레비전 시리즈 〈환상적인 현상들〉에서 그의 작업에 대해 방영한 적이 있었다.

산케즈는 많이 사용되는 9백 개의 단어로 프로그램을 만들었고, 이 단어들을 조합하는 '글쓰기 프로그램'을 설계했다. 나무는 전기 충동으로 그 프로그램에서 우연의 법칙에 따라 단어가 짝지어진 숫자를 고르게 된다. 언어 합성기가 있는 그 기계는 나무 기둥에 부착된 두 개의 전자장치와 케이블로 연결된다.

"나는 이 실험을 통해 생물체, 즉 이 나무에 관한 정보를 우리가 이해할 수 있는 인간의 언어로 번역할 수 있는 가능성을 찾아낸 것입니다"라고 산케즈는 말한다. 이 나무는 '멀티 재능의 천재'처럼 보인다. 그가 보낸 생화학적 신호는 때로는 독특한 단조의 음악으로, 때로는 초현상적인 인상을 주는 로봇의 소리로 변환되기도 한다. 이 소리가 이해할 수 없는 진기한 시가 되기도 한다. 지금은 이 실험이 오래된 목련나무에게까지 확장되었다. 목련나무의 시적인 창의력은 살구나무의 작품만큼이나 합리적인 이성을 훨씬 뛰어넘는 것이었다.

저쪽 편에서 갑자기 들려오는,
무엇을 아는 듯한 울림
'약은 가운데로
불필요한 것은 아래로'

마치 철학을 하는 듯한 이 나무들의 작품은 몇백 페이지가 넘게 계속해서 씌어지고 있다.

예전에 미 항공우주국(NASA)에서 일하던 산케즈는 우주 셔틀의 구성자이며 인공위성의 의사소통 전문가이기도 했다. 그는 이 나무와 지난 10년 동안 서로 긴밀하게 생각을 주고받았다고 생각한다.

"말을 할 수 있는 식물이 있다고 확신할 수는 없습니다. 그들은 아마도 저기 그곳에 있는 것, 혹은 도처에 널려 있는 어떤 것에 대한 안테나나 언어 통로일 수도 있겠지요."

때때로 그는 직접적인 대답을 듣기도 한다고 한다. 그가 언젠가 한 관엽식물에 전자파 장치를 하고, 그 다른 짝을 입으로 가져가자, 이 식물은 음향장치를 통해서 말을 걸어왔다. "사람들은 맛있다."

많은 사람들이 식물들과 활발하게 의사소통을 하고 있으며, 꽃과 나무에게 긍정적인 생각을 보내고, 배추나 토마토, 무 등 채소들이 빨리 자라날 수 있도록 기분을 북돋아주는 일을 하기도 한다.

독일의 한 고등학교에서는 이와 같은 실험이 학문적으로 여러 번 기록되기도 했다. 한번은 150명의 취미 정원사들이 각각 5그루의 토마토 나무를 받았다. 그들은 세 그루의 토마토에는 '아낌없는 사랑과 따뜻한 말, 그리고 좋은 생각'으로 대했고, 나머지 두 그루에게는 그저 거름과 물을 규칙적으로 주었다. 정원사들은 날마다, 두 그룹의 토마토나무의 크기와 싹의 개수, 열매의 양 등을 체크해서 기록했다. 결과는 이 실험을 주도했던 사람들마저 놀라게 했는데, 인간의 사랑을 받은 식물들이 다른 식물들보다 1파운드나 더 많은 양의 열매를 맺는 것이었다.

미국 농림부의 직원들은 전류 감지장치를 통해 가뭄으로 고생하는 식물들의 소리를 들었다. 인간의 귀에는 들리지 않는 전류의 영역으로 다양한 소리가 전해졌고, 그 소리는 식물이 그때마다의 상황과 연결되어 보낸 것이었다. 피닉스 대학의 생물학자들은 거짓말 탐지기를 통해서, 위협받고 고통받으며, 또는 음악을 듣거나 사람들의 애무를 받는 식물들이 그에 반응한다는 것을 증명해 보였다.

식물 의사소통 분야의 개척자인 클레브 벡스터(Cleve Backster)는 식물에게는 미래를 알 수 있는 능력이 있다고 했다. 그의 유명한 실험에서 그는 한 용혈수를 검류계에 연결시켰다. 그리고 그가 잎을 태우기 위해 라이터를 집으려고 하자, 놀랍게도 마치 탐정이라도 되는 듯 즉시 이 식물은 움츠리며 두려워하는 것이었다.

집에 있는 몇몇 식물들이 집에 사람이 없으면 속상해한다는 사실은 더 이상 벡스터에게 있어 놀라운 일이 아니다. "다음에 어디론가 떠날 때에는 그 식물의 사진을 가져가보세요. 그리고 매일 한두 번씩 사진을 보면서 깊게 생각해 보세요. 당신이 돌아오면, 식물이 얼마나 잘 자라고 있는지 놀라게 될 것입니다. 당신은 그 시간 동안 식물과 정신적으로 연결되어 있었던 것이지요."

전자기를 이용한 기계로 식물의 마음을 연구하는 벡스터의 첫 번째 실험 이후에, 세계 곳곳의 생물학자들은 이와 비슷한 결과를 낳았다. 그로써 다른 생물보다 특히 식물들은 얼마나 서로 멀리 떨어져 있느냐에 상관없이 자신과 친숙한 인간과 이어져 있다는 것이 드러났다. 어떤 백합은 자신과 정신적 교감이 있는 여주인이 비행기를 타고 이륙하고 착륙할 때 느끼는 두려움을 그대로 느끼기도 한다.

식물들도 슬픔과 고통, 행복 심지어는 질투까지도 느낀다는 사실이 관찰되었다. 관엽 식물은 사랑이 넘치는 가정에서 더 잘 자라난다. 어두운 분위기에서는 잘 자라나지 못한다. 감미로운 분위기의 침실에 있는 꽃이 더 아름답고 건강하게 피어나는 것도 지나칠 수 없는 부분이다.

식물들은 자신이 사랑을 받고 있는지, 거부당하고 있는지를 느낄 수 있다. 뮌헨의 심리치료사 헤닝(Henning) 박사는 치료 그룹의 구성원들과 함께 같은 크기의 제비꽃 화분을 두 개 구입했다. 그는 화분들을 같은 양의 빛과 규칙적으로 물을 받을 수 있는 곳에 놓아두고 한 화분에는 플러스 표시를, 다른 화분에는 마이너스 표시를 하였다. 참가자 전원은 매일 3분씩 그 꽃들과 이야기를 나누었다. 그들은 플러스 화분에 든 꽃을 칭찬하고, 마이너스 화분에 든 꽃에는 욕을 퍼부었다. 그렇게 10일이 지나자, 두 화분의 차이가 분명하게 드러났다. 마이너스 화분에 든 제비꽃잎은 작았으며, 잎은 시들고 아래로 축 늘어졌다.

헤닝 박사는 이 실험을 끝내고, 두 화분을 모두 집으로 가져왔다. 그리고 마이너스 화분에 친절하고 상냥하게 말을 붙이고, 이 실험으로 상처를 준 것에 대해서 용서를 구하며, 지속적으로 칭찬을 해주었다. 그러자 믿지 못할 일이 일어났다. 꽃이 빠르게 회복하더니 활짝 피어나, 오히려 플러스 화분의 꽃보다 더 힘찬 모습을 보이는 것이었다.

"힘든 경험을 하고 난 후, 더 성숙해지고 강해지는 것이 꼭 사람하고 똑같지요"라고 헤닝 박사는 말한다.

프랑스의 식물학자 르네 뒤몽(Rene Dumont)과 로버트 레클레어(Robert Leclere)는 식물도 기억력을 지녔다는 것이 자신들의 실험을 통해 증명되었다고 주장한다. 그들은 가는 톱니모양의 잎과 작고 하얀 꽃을 피우는 이끼식물을 조사했다. 이 식물은 자라기 시작하면서, 줄기 양쪽으로 두 개의 잎을 피워냈다. 학자들이 하나의 잎을 바늘로 여러 번 찌르자 5분 뒤, 두 개의 잎은 땅에 떨어지고 말았다. 그 뒤에도 그 식물은 계속 자랐지만, 잎이 떨어져 나간 그 자리에는 눈에 띌 정도로 작은 잎이 자라났다. 식물은 두뇌도, 신경체계도 가지고 있지 않지만, 기억력을 가지고 있다는 것은 사실이 아닐까? 그러나 식물의 기억력이 어디에 존재하는지, 또한 어떻게 정보를 보내는지에 대해서는 아직까지도 수수께끼로 남아있다. 카이저스라우테른의 프리츠 알베르트 폽 박사의 생물 광자 연구는 그에 대해 가능한 답을 제시한다.

이미 70년대 초반부터 러시아의 엔지니어 메르클로브(Merkulow)는 식물이 적당한 학습훈련 이후, 최근의 현상에 대해서는 기억력을 증명해 보인다는 것을 밝혀냈다. 콩, 감자나 밀 또는 헛개나무 등은 크세논 램프에서 나오는 광선의 전류를 기억하고 있는 것 같았다. 식물들은 메르클로브가 강조했듯이 정확하게 특별한 펌프질을 반복했던 것이다. 헛개나무가 이 광선의 전류를 받은 18시간

낯선 세계에서 온 존재 : 갈라파고스의 거북이는 자신의 섬으로 찾아온 사람들과 친해졌다.

애정이 넘치는 동물들의 세계 : 남아메리카 해변의 바다사자들.

완벽한 사회국가: 오스트레일리아 국립공원에 있는 흰개미가 만든 건축물.

태평양에서 피로에 지쳐 배에 비상 착륙한 열대지방의 붉은꼬리새가 조류학자 스벤 아흐터만의 보살핌을 받은 뒤, 다시 날아갔다.

스리랑카 열대우림 지역의 화초

후에 재생하자, 메르클로브는 그 기억력에 깊은 인상을 받기도 했다고 한다.

사람과 애완동물을 엮는 보이지 않는 끈이 진정으로 존재한다면, 우리는 왜 식물들과도 그런 끈이 존재한다고 생각하지 못할까? 식물들은 우리의 거실과 침실, 마루와 사무실, 발코니와 정원 곁, 바로 곁에서 인간과 더불어 살아가고 있다. 런던의 젊은 청년 리처드는 화분을 들고 규칙적으로 산책을 나선다. 어쩌면 좀 지나친 행동일 수도 있다. 그는 나팔꽃과 시클라멘 화분을 마차에 태우고 공원을 돈다. 이웃 주민들이 비웃으면서 이상하게 쳐다보면 그는 활짝 웃으며, "꽃들이 무척이나 좋아한답니다. 너무 기뻐서 꽃을 활짝 피우지요"라고 대답한다.

신문사 편집장들은 뉴스거리가 부족한 여름날에는 독자들이 투고하는 독자편지를 신문에 싣는다. 여기에는 동물들에 관한 이야기들뿐만 아니라 집에 있는 나무와 정원의 꽃들이 인간이 보이는 애정과 무관심에 반응했다는 등의 일화들이 쏟아진다. 『빌트』지는 감정을 느낄 수 있는 식물에 대한 수백 통의 투고 편지를 받기도 했다.

한 독자는 피아노 위에 올려둔 화분에서 화려하게 핀 꽃에 대해서 이야기했다. 이 꽃은 바흐와 모차르트, 베토벤이 연주되면 몸을 활짝 펴고, 그와 반대로 현대 팝뮤직이 연주되면 꽃과 잎을 축 늘어뜨린다고 한다.

또한 집에서 기르는 한 야자수는 변덕이 심한데, 며칠 동안 이유 없이 몸을 축 늘어뜨리고 있다가도 집주인의 친절한 말 한 마디에 눈에 띄게 밝아져 잎을 위로 쭉 뻗는다고 한다.

난쟁이 토끼 '막스'는 벽에 걸려 있는 화분에서 20센티미터 정도 뻗어 내려온 넝쿨식물을 갉아먹었다. 이 넝쿨은 더 이상 밑으로 자라나지 않고, 막스가 닿지 못하는 위쪽으로만 자랄 뿐이었다. 이 식물은 막스와 멀리 자리를 잡고 나서야, 꽃과 잎을 활짝 피웠다. 그래서 그 집주인은 이 식물이 그것을 알아차렸다는 확신을 가지고 있다.

누르팅엔의 루스 포르쉐는 다음과 같은 편지를 보냈다.

"크리스마스가 다가오면 저는 포인세티아 화분을 사지요. 그 꽃은 제가 심한 병에 걸릴 때까지 활짝 폈어요. 그러다 갑자기 잎새가 아래로 처지더니, 몇 개는 땅에 떨어지고 말았답니다. 제가 한 달 반 이후에 집으로 돌아와 보니, 그 식물은 거의 죽어가고 있었어요. 다른 사람이 매일 보살펴주었는데도 말이지요. 그러나 내가 다시 돌아오자, 신기하게도 곧 회복되기 시작했어요."

슈첼레 시의 하인리히 브레로어는 자신이 쓰레기장에서 발견한 한 장미나무에 대한 사연을 보냈다. 그가 장미나무를 다시 땅에 심고 물을 주자, 잘 자랐지만 꽃이 피지는 않았다. "그러던 중 50세 생일을 맞아 큰 파티를 열 생각이었어요. 저는 장미에게 생일 선물로 큰 꽃을 피워달라고 부탁했지요. 그리고 10월의 마지막 날인 그날, 저는 제 눈을 믿을 수 없었어요. 날씨는 점점 더 추워지는데, 이 장미나무는 17개의 크고 붉은색의 장미꽃을 피우는 것이었어요. 정말 너무 기뻐서 나무를 껴안을 뻔했지요."

뷔켈부르크의 마리아 프라이탁은 사람들이 위기에 빠지면, 키우는 식물들도 역시 슬퍼한다는 것을 확신하고 있다.

"우리가 결혼할 때, 남편은 제 부탁으로 정원에 포도나무 세 그루를 심었어요. 그 나무는 무럭무럭 자라 집을 덮을 정도였지요. 하지만 우리의 결혼 생활에 위기가 닥쳤고, 저는 부모님 댁으로 이사를 갔어요. 그 일이 있고 난 후 정원의 포도나무는 시들어갔고, 결국 두 그루는 죽고 말았지요. 나머지 한 그루도 병이 들어 있었어요. 그러다가 남편과 제가 화해를 하게 되어 다시 한집에 살게 되었어요. 그랬더니 놀랍게도 시들시들했던, 한 그루 남은 포도나무가 기운을 차리더니, 예전보다 훨씬 더 활짝 자라나는 것이었어요."

또, 식물들도 몇몇 동물들처럼 죽음이 다가온다는 것을 예견하고 있는 듯하다.

"남편이 1959년 베를린에 있는 안과병원을 개업할 때, 한 환자가 화분 하나를 선물해 주었어요. 그러면서 그 환자는 '의사 선생님이 살아 있는 한, 이 나무도 잘 자랄 거예요'라고 말했지요." 베를린에서 온 테레제 노이호프는 다음과 같이 옛일을 회상했다. "1970년 3월 저와 남편은 여행을 떠났고, 여행 중에 남편이 갑자기 세상을 떠났어요. 제가 집으로 다시 돌아와 방에 들어섰을 때, 나무 기둥이 옆으로 휘어지더니, 제가 보는 앞에서 죽는 것이었어요. 제가 혹시 죽음의 입김을 가져온 것이 아닐까요?"

스페인의 한 주간지는 순례지가 된 한 베니도름의 무덤에 대해서 보고한 바 있다. 그곳에는 유명한 예언가였던 카르멘 로드리게즈가 잠들어 있다. 죽음 직전 당시 65세였던 그 여인은 자신의 무덤에 카네이션이 필 것이며, 그중 한 송이는 결코 시들지 않을 것이라고 예언했다. 그녀의 장례식에 그녀의 가족 중 한 명이 무덤 곁의 사진 앞에 하얀 카네이션 한 그루를 심었다. 그리고 그녀의 예언이 적중했다. 그로부터 일주일이 지나자 다른 카네이션은 시들었지만, 유독 한 송이만은 시들지 않았다. 물을 주지 않아도, 해가 비치지 않아도, 이 카네이션은 언제나 투명한 하얀 빛으로 빛나는 것이었다.

신문 기자들도 이 현상을 속임수라고 보기 어려웠다. 그들은 이 꽃을 몇 달에 걸쳐서 규칙적으로 촬영했고, 식물학자들에게 감정을 의뢰했다. 사진에 있는 꽃은 바로 그 카네이션이었다.

지구상의 생물들은 얼마나 놀라운 비밀을 간직하고 있는가? 태어나면서부터 죽을 때까지 우리는 서로 이어져 있으며 서로에게 속해 있는 것이다. 인간과 동물은 수십 억 그루의 식물들이 광합성으로 만들어낸 산소 덕분에 살 수 있는 것이다. 또한 우리의 음식은 대부분이 식물로 구성되어 있고, 식물은 종이, 연료나 옷 등의 기초재료를 공급하기도 한다. 식물의 구조와 형태는 엔지니어들의 창의성을 몇 배나 능가한다. 나무는 끊임없이 뿌리로 펌프질을 해서 수천 개의 잎사귀에게 물을 전달하고, 그 잎사귀에서는 수분이 증발하고, 나머지는 다시 땅속으로 떨어진다. 이것은 유기체에게는 중요한 순환이 된다.

오스트레일리아의 거대한 유칼립터스 나무는 늘씬한 나무 기둥 위의 자신의 머리를 150미터, 즉 피라미드 높이까지 뻗치고 있다.

비엔나의 생물학자 라울 프랑세(Raoul France)는 20세기 초, 식물 의식의 근원은 정밀 구조의 세계에 있다고 추측했다. 지난 세기의 연구는 식물이 감정을 느끼고, 반응하며, 흥미로운 생물이라는 초기의 서정적인 생각이 결코 상상의 산물만은 아니라는 것을 밝혀냈다. 초기 기독교 학자 아우구스티누스는 이미 그 시대에 알고 있었던 것이다. "기적이란 자연을 위배하면서 나타나는 것이 아니라, 우리가 자연에 대해 알고 있는 것에서 일어난다."

당신은 알고 있나요?

당신은 알고 있나요? 식물들이 여행할 수 있다는 사실을. 야자수는 자신의 씨앗을 멀리 보낼 수 있습니다. 단단한 껍질 속에 과즙이 들어 있는 코코넛의 씨앗 속에는 자양분이 들어 있어, 몇 달 동안 바다를 떠다니다가 언젠가 육지에 닿으면 그곳에 뿌리를 내리기 시작한답니다.

당신은 알고 있나요? 식물들은 오랜 시간 기다리는 여유를 가지고 있다는 사실을. 툰드라 지역의 2천 년 이상 오래된 고대의 저장창고에서 발견된 씨앗에 물을 주자 싹이 텄습니다. 2년 후에는 작은 매그놀리아 나무가 꽃을 피웠다고 하네요.

당신은 알고 있나요? 식물은 매우 오랫동안 살 수 있다는 사실을. 태즈매니안 지역의 산자락 마을에 적어도 1만 년이 넘은, 어쩌면 3만 년 정도 된 소나무가 있습니다. 아마 이 세상에서 가장 나이 많은 생물체가 아닐까요.

당신은 알고 있나요? 세상에서 가장 큰 생물체가 버섯이라는 사실을. 미국의 미시간 주에 있는 버섯은 15만 2천 평방미터나 되며, 대략 1천 5백 년 정도나 되었답니다.

당신은 알고 있나요? 식물도 총을 쏠 수 있다는 사실을. 아시아의 한 나무는 열매를 강하게 발사해 13미터 밖까지 멀리 날려보낼 수 있다고 합니다.

21장
이 세계 저편의 세계

우리의 감각 저편에 우리가 전혀 모르는 세계가 있다는
것은 충분히 가능한 일이다.
알베르트 아인슈타인

예리코의 장미, 천 년 된 장미 넝쿨, 세상을 떠받치는 나무, 그리고 자연의 영혼에 관한 신비롭고 진기한 이야기

매해 성령강림절이 다가오면, 나는 내 방 선반에서 하얀 상자를 꺼낸다. 그 안에는 몇십 년 전에 좋은 사람들에게서 선물 받은 특별한 보물이 담겨져 있다. 그것은 바로 '예리코의 장미'이다. 마치 말라 비틀어진 짚 한 뭉치, 또는 둥글게 몸을 오무린 고슴도치처럼 보이는 초라한 갈색 꽃다발은 1년 내내 칠흑 같은 어둠 속에서 물이나 영양 섭취도 못하고, 상자 속에 무관심하게 내버려져 있다. 그러나 12월이 오면, 나는 이 시든 꽃을 조심스럽게 물이 담긴 그릇에 담가놓고, 그것이 기분 좋게 물을 빨아들이는 것을 관찰한다. 잎새와 나뭇가지는 내가 보는 앞에서 몸을 펴고 자라나기 시작한다. 물 표면 위에서 신선하고 부드러운 색으로 피어나는 꽃은 제 크기를 찾을 때까지 마치 연꽃처럼 몸을 쫙 펼친다. 나는 1월 초에 다시 꽃을 그릇에서 꺼내 다음 해가 돌아올 때까지 상자 속에 보관한다. 다시 몸을 만 꽃은 그 속에서 세상의 빛으로 나올 순간만을 참을성 있게 기다리는 것이다.

마른 꽃을 물 위에 띄우는 이 실험에서 꽃은 언제나 변함없이 기분 좋게 몸을 활짝 편다. 바로 다음날이나 몇십 년 후에라도 상관없이 말이다.

전설에 의하면 예리코의 장미는 이집트로 도피해 가던 성모 마리아의 은혜로 이렇게 영원히 죽지 않는다고 한다. 아시아와 아프리카의 건조한 열대 지방이 원산지인 이 식물은 생명력이 강해 어떤 환경에서도 잘 자라나며, 특히 더위와 건조에 대한 저항력이 뛰어나다고 한다. 이 식물은 황량한 사막의 모래를 뚫고 뿌리를 내리며 밤의 이슬을 먹고 자라나는 식물군에 속한다. 주위에 물 한 방울이 없을 정도로 가물면, 죽은 뿌리는 땅에서 떨어져 나오고, 마치 공처럼 둥글게 말린 다발은 바람을 타고 몇백 킬로미터 떨어진 곳으로 날아간다. 그 길에 물이나 오아시스를 만나면, 촉촉한 공기를 먹고 다시 몸을 펴고 뒤척이던 뿌리는 적당한 땅을 찾아 다시 자라나기 시작한다. 새롭게 부활하는 것이다.

또한, 이 식물은 가문 사막에서도 우기가 시작되기만을 참을성 있게 기다린다. 비가 내리면, 다시 태어나 새 삶을 살아간다. 몇십 년 동안 그렇게 기다리다가도 물이 조금만 닿으면 곧 부드럽게 초록의 잎을 펼치는 것이다.

나이 든 농부들에게 예리코의 장미는 몇백 년 동안 세대를 거쳐 이어져 내려온 집안의 가보이다. 그들은 예로부터 이 꽃이 있는 곳에 행복과 은혜, 집안의 평안이 깃든다고 믿어왔기 때문이다.

중세 시대에 이 꽃은 약재로도 쓰였다. 특히 그 향기는 감기 환자나 혈액순환 장애에 놀라운 효력을 발휘하며, 꽃을 침대 머리맡에 두고 자면 수면장애도 방지할 수 있다고 한다. 화병에 꽃을 꽂아두면 공기를 맑게 하는데, 특히 담배 연기 같은 것을 없애는 데 좋다고 한다.

예리코의 장미와 같은 석송(石松)류 식물의 역사가 8천만 년 정도 되었고, 한 그루의 식물은 몇천 년 정도 살아남을 수 있기 때문에 바로 이 예리코의 꽃은 영생의 상징으로 여겨진다.

힐데스하임 성에 있는 몇천 년 된 장미 넝쿨의 이야기는 기적에 가깝다. 매해 성령강림절이 올 때마다 꽃을 피우기 시작하는 이 들장미의 역사는 814년 힐데스하임 교구가 건립되면서부터 시작되었다고 4백 년 전 문서에 최초로 기록되어 있다. 1945년 제2차 세계대전 때에 성이 완전히 파괴되면서, 이 장미 넝쿨 역시 폐허 속에서 불에 타 죽어버렸다. 그러나 그로부터 8주 후, 폐허로 뒤덮인 뿌리에서 25개의 새순이 돋았다.

『소피의 세계』에서 소피는, 놀랄 만큼 능력 있는 철학자가 되기 위해 필요한 유일한 조건이라는 것을 배운다. 대부분의 어른들이 세상을 그저 매우 정상적이고 당연하다는 듯이 받아들이는 데 반하여, 철학자들은 그곳에서 놀라운 예외를 발견해 낸다. 그래서 어떤 철학자는 결코 이 세상에 길들여질 수 없기도 했다.

그러면 이 세상이 아닌 저편의 세계인 신화와 전설, 동화의 세계에서는 어떨까?

거기에는 이곳과는 다른 그곳만의 분리된 현실이 존재하는 것일까?

겨우살이(기생목) 식물이 환자를 치료하고, 악마를 쫓으며 행운을 가져온다는 생각은 고대 시대부터 계속되어온 것이다. 사람들은 한겨울에도 꽃을 피우고 열매를 맺는 능력을 그 식물만의 특별한 '빛의 힘'이라는 말로 설명하였다. 따라서 성탄절과 새해에 행운이 깃들기를 바라는 마음으로 이 식물을 다양하게 이용한다. 말린 겨우살이 식물은 암 치료에 민간요법으로 쓰이고 있는데, 종종 몸속의 암 같은 종양 덩어리를 녹여 없애는 데 효과적이었다는 이야기가 전해지기도 한다. 겨우살이 식물은 새들과 마찬가지로 강가나 호숫가의 나무에서 서식한다. 그러나 그들이 나무에 붙어 기생한다는 생각은 잘못된 것이다. 그 반대로 겨우살이 식물은 죽은 나뭇가지에 꽃과 열매를 맺게 한다.

악마를 쫓아내고 병을 낫게 하는 겨우살이의 신비로운 효과에 대한 이야기는 오래전부터 내려오는 것이다. 겨우살이 식물과 그것이 서식하는 나무들은 켈트족의 사제들보다 성스러운 존재로 여겨졌다. 동지가 지나 첫 보름달이 뜨고 나서 6일째 되는 날, 고대 켈트족의 드루이드(Druides, 고대 켈트 민족의 제관으로 예언자, 시인, 재판관, 마법사 등도 겸했음 – 역주) 사제들은 겨우살이 식물을 황금 낫으로 나무에서 제거하는 의식을 행하였다고 한다. 그 뿌리는 다른 식물처럼 지구의 정 중심점을 향해 뻗어 있지 않다. 즉, 위아래가 존재하지 않는다. 그리고 그 잎사귀가 마르면, 떨어져버리는 것이 아니라, 황금색으로 물든다.

과거 시대 사람들은 우주가 아홉 개의 세상으로 구성되어 있다고 믿었다. 그리고 몇천 년 동안 거인과 난쟁이, 그리고 신이 모험적인 삶을 영위하며 살고 있으며, 그 중심에는 언제나 푸른 나무가 하늘을 향해 가지를 뻗고, 온 땅을 뿌리로 뒤덮으며 세상을 떠받치고 있다고 생각했다.

세상 사람들은 문화를 통해 다양한 분야의 자연과 자연을 보는 시각, 개념을 자신의 감정과 이미지와 끊임없이 연관시켜 왔다. 그렇게 만들어진 세상에는 이성적으로는 도저히 받아들여질 수 없는 환상의 존재들이 생겨났다. 이 세상 저편의 세상에는 창조의 일부분이 되었던 자연적 존재가 살고 있는 것이다.

이제 많은 사람들이 자연에 대한 깊은 관심과 이해를 가지고 지금까지는 단지 아이들과 신비주의자들만이 관심을 보였던 영역에 주의를 기울이며 다가가고 있다.

사람들은 홀로, 또는 여럿이 함께 삶의 신비에 대한 해답을 찾아 인적이 없는 호젓한 곳으로 떠나며, 요정이나 난쟁이와 같은 존재들을 관심의 대상으로 삼기도 한다. 주간지 『디 보헤 Die Woche』는 '요정과의 데이트'라는 제목으로 아이슬란드에서의 자연의 정령과 인간의 관계에 관한 기사를 내보냈다. 그 섬에서는 유럽 대륙에서보다 요정의 존재가 훨씬 더 자연스럽게 받아들여진다고 한다.

책을 쓰기 위해 시골로 이사한 독일의 저널리스트 이레네 달리초브는 그곳에서 나무의 요정과 만난 적이 있다고 한다.

그 당시 그녀의 몸 상태는 좋지 않았고, 작업도 별 진척이 없었다.

"고개를 종이에 파묻고 있었어요. 그때 갑자기 몇 초 동안 방의 공기가 바뀌는 것이었어요. 혼자였는데, 마치 누군가 저를 다정하게 가슴에 안고 위로하는 듯한 느낌을 받았고, 그 이후로 갑자기

몸과 마음이 가벼워지는 것이었어요."

이레네는 한 번도 명상을 해본 적도 없었고, 자신의 우울함에 대해서도 특별히 곰곰이 생각해 본 적이 없었다.

그녀는 방 안을 돌아보았다. 창문 너머 밖을 내다보기도 하고, 12월의 추위에도 불구하고 발코니의 문을 열고 나가보기도 하였다. 그러자 갑자기 자신이 무엇을 찾고 있는지 분명해지는 것이었다. 정원에 있는 세 그루의 전나무 중 한가운데 나무가 그녀에게 따뜻한 사랑의 마음과 위로의 메시지를 보내오는 것이었다.

"마음이 너무 혼란스러웠어요." 이레네는 이렇게 회상한다. "저는 나무의 정령이 그런 독특한 방식으로 사람에게 다가와 치료해 줄 수 있다는 것을 예전에는 상상조차 못했어요."

잠시 후, 그녀는 정원으로 나가 나무를 안고 대화를 나누었다.

"그곳에 머물고 있는 동안, 저는 아름답고 푸른 거인의 애정을 느꼈어요. 분명 그 나무 역시 저의 애정과 감사의 마음을 느꼈을 겁니다."

나무는 그녀의 삶을 변화시켰다. 그녀는 『자연의 정령』이라는 책을 집필했고, 책 속에서 자신의 실제 경험에 대해 더욱더 상세하게 전하고 있다. 그녀는 우리에게 자연의 섬세한 에너지를 깨어 있는 감각으로 다가가 느껴야 한다고 이야기한다. 그러면 앞으로 멀지 않은 미래에는, 눈에 보이든 보이지 않든 지구상의 모든 존재가 서로를 알아보며 평화롭게 살 수 있을 것이라고 말한다.

미국인 낸시 스미스는 『자연 영혼의 세계』라는 책에서 미묘한 존재와 우정을 쌓을 수 있는 가능성에 대해서 이야기하고 있다. 세계 곳곳에서 샤머니스트와 치유사들은 식물의 영혼과 이야기를 나누고 있다. 대다수의 전문 식물학자들은, 식물의 영혼이 정말로 존재한다면 한 영혼이 우리가 식물이라고 부르는 원형질의 형성체에 들어간 것일 뿐이라고 설명한다.

반면, 식물치료법 전문가인 볼프 디터 스톨(Wolf-Dieter Storl) 박사는 사람들이 '식물의 영혼'과 관계를 맺을 수 있다고 확신한다. 뿐만 아니라, 한밤중에 풀의 영혼이 풀에서 빠져 나와 자유롭게 여기저기 떠다닐 수 있다고 한다. 그 유명한 마왕처럼 말이다. 그래서 어두울 때, 숲이나 초원 등을 거닐어보지 않은 사람들에게 테라스나 발코니, 또는 거실에 화분을 두어 그 눈에 보이지 않는 영혼을 가까이에서 관찰해 보라고 권유한다.

70년대 스코틀랜드의 작은 마을 핀드혼(Findhorn)에서 '플라워 파워 캠페인(Flower-Power-campaign)'이 시작되었다. 불모지였던 이 마을은 '자연의 정령'의 도움으로 꽃이 피는 정원이 되었다. 세 명의 영국인들이 척박한 그 땅에서 완두콩과 토마토, 오이, 콩 등을 재배하여 상상도 못할 정도의 크기와 양을 얻는 데 성공했다. 농경학자들도 어떻게 그렇게 척박한 조건 속에서 그런 풍성한 수확을 거둘 수 있었는지 아직도 의아해하고 있다.

어쨌든 그 결과는 너무나 아름다운 것이었다. 두 명의 여인과 한 남자가 명상 속에서 동식물의 보호신으로 불리우는 '디바'의 계시를 받고 그곳에 재배를 시작했고, 그 뒤로 핀드혼 마을에 사람들이 모여들게 되었다. 그들은 영혼의 교감과 집단 공동체 생활의 효과를 실험해 보기 위해서 황량한 핀드혼을 찾은 것이다. 점점 더 많은 사람들이 이 운동에 참여했고, 핀드혼은 그들을 모두 먹여 살릴 수 있을 정도로 풍성한 수확을 거두게 되었다. 양떼들도 충분히 먹을 촉촉한 풀이 넉넉했고, 호박과 홍당무도 풍성하게 자라났다. 그러나 좋은 조언을 해주는 자연의 정령이 있음에도 불구하고, 황량한 기후에서의 작업은 고된 것이었다. 그래서 이곳을 찾은 사람들 중 6주 이상을 견디는 사람은 거의 없었다.

"정원이 풍요롭게 된 것은 디바가 우리를 이끌어주었기 때문이지요"라고 도로시 맥린은 회상한다. 그녀는 오늘날까지 수많은 강연과 세미나를 통해 눈에 보이지 않는 정령의 도움을 받았던 그 시절에 대해 전한다. "핀드혼은 우리에게 정원을 가꾸는 새로운 방식을 알려주고 타인과 공존하는 삶을 이해할 수 있도록 해주었습니다."

핀드혼 이념을 따라 월령(15~17세기의 농사지침)법 등 과거의 유기농법이 재도입되었다. 많은 농부와 정원사들은 자연에 기초한 농법으로 회귀하고 있으며, 파종과 수확에 끼치는 달의 리듬에도 주의를 기울인다.

농법에 관해 전해 내려져오는 이야기 중 많은 것들이 현대 과학자들에 의해 사실로 확인되기도 하였다. 다름슈타트에 있는 '생물-다이나믹 연구회'의 농업기술자인 하르트무트 슈피스(Hartmut Spieß) 박사는 몇 가지 농사법칙을 학문적으로 증명하였다. 그의 연구에 의하면, 몇 종의 경작식물은 달의 리듬에 반응을 보인다고 한다. 그 예로, 달이 차는 시기에 무의 씨를 뿌리면 더 잘 자라며, 보름달에 씨를 뿌린 넝쿨콩은 특히 더 잘 자라지만, 달이 낮은 하늘에 걸려 있는 시기에 씨를 뿌리면, 잘 자라지 못한다는 것이다.

영국의 의사 에드워드 바흐(Edward Bach) 박사가 꽃향기의 치유력을 발견한 이후로 향기 치료요법은 유명세를 타, 지금은 수천 가지의 다양한 꽃향기가 시장에서 매매되고 있다.

모든 식물의 향기가 같은 정도의 효과로 작용하는 것은 아니지만, 몇 종류의 향기에 대해서는 그 효력이 충분히 검증되었다.

핀드혼 마을의 건설자들은 이미 오래전에 마을을 떠났다. 그러나 뉴에이지 운동이나 공동체 운동에 관심 있는 사람들에게 핀드혼은 여전히 중요한 의미를 가지고 있다. 이 세계 저편의 세상에서 온 존재에게서 가르침을 받았던 바로 그 시절처럼, 젊은이들은 비옥한 땅을 만들어가고 있다. 게다가 그들은 컴퓨터 프로그램을 만들어 이 시대에 맞는 방법으로 정보를 확산시키고 있다. 그렇기에 스코틀랜드의 황량한 이 땅에는 완두콩과 콩, 호박의 씨앗들이 뿌리내릴 뿐만 아니라, 커다란 비밀들 역시 싹을 틔우고 있는 것이다.

그 비밀은 바로 우리가 미처 상상하지 못하는 동식물의 왕국을 포함해서, 세상은 보이지 않는 의식으로 가득 차 있다는 것이다.

22장
우리의 이웃, 동식물과 함께하는 삶

지구란 공은 죽은 암석들의 거대한 산이 아니라,
살아 있는 생명체들의 둥지이다. 바로 지구란 위성
자체가 살아 숨쉬는 하나의 거대한 생명체인 것이다.
제임스 러브록(James Lovelock)

인간이 지구상에서 살아남을 수 있는 유일한 기회, 그것은 바로 동식물과 서로 깊은 연대를 유지하는 것 프란츠 폰 아씨시 (Franz von Assisi)는 동물을 신의 창조물이라고 말하며, 동물 애호가들을 자신의 멋진 동료라고 여겼다. 바로 그런 동물 애호가들이 오버 슈바빙 지역의 개간지에 위치한 프란체스코 수도회의 한 수도원의 동물의 권리를 주장하기 위해 시위를 벌였다. 그곳의 수녀들은 1천5백 마리의 닭을 좁은 울타리 안으로 밀어 넣고 사육하고 있었는데, 이것은 엄연히 수도회 창립 정신에 어긋나는 것이었다. 5천 명이나 되는 동물 애호가들이 수도원 성벽에서 시위를 벌이자, 원장수녀는 '생태학적 방법'으로 닭들을 사육하겠다고 약속하며, 프란체스코 수도회의 동물 사육 기준에 맞추어 닭장을 새로 지었다.

놀라웠던 것은 교단을 공격한 동물 애호가들을 비난했던 그 수도회 회원들의 반응이었다.

그러나 변화의 바람은 불게 마련이다. 이제는 많은 이들이 자연에 대한 인식의 변화에 열중하고 있고, 자연과의 개인적인 대화에 대한 욕구는 더욱더 커져가고 있다.

현대의 이성에 기초한 합리주의는 인류를 전쟁과 집단학살로 이끌었고, 삶의 공간인 자연을 침해했다. 우리는 인간의 생각이나 행동이 개인 자신에 의해서가 아니라, 사회가 규정한다는 사실을 확실히 알고, 감히 우리의 생각을 규정하려 드는 권력자에게 힘없이 당하지 않을 준비를 해야만 한다.

1996년 12월, 환경보호단체는 대규모의 운동을 통해 독일 연방정부의 환경부 장관 안젤리카 메르켈에게 끔찍한 철제 덫의 사용 금지를 전 세계적으로 넓히고 강화시키라는 요구를 했다. 동물이 발을 내딛자마자 물리는 '다리고정 덫'인 철제 덫이 사용되기 시작한 후 동물들은 뼈가 부스러지고 어긋나거나, 상처를 입었고, 혹은 심하게 살이 눌려 아예 다리를 잘라내야 하는 경우가 다반사였다. 그래서 철제 덫의 사용을 반대하는 내용의 편지가 전례가 없을 정도로 많이 보내졌다. 독일 연방정부는 철제 덫의 사용을 전 세계적으로 널리 금하도록 노력했으며, 잔인한 포획장치의 수입금지 조항을 법으로 관철시켰다.

캐나다의 브리티시 콜럼비아 주의 주정부는 초대형 수력발전소의 건립을 포기하기도 하였다. 수력발전소의 건설로 그 지역 연어의 존재가 위협받을 수 있기 때문이었다. 환경재해의 영향은 대서양의 대구잡이 붕괴를 보면 알 수 있을 것이다. 자연보호주의자들과 어부, 인디안 종족의 추장들은 이미 어느 정도 건설이 끝난 제방을 보면서 살아야 했고, 결국 이 제방은 산에 거대한 구멍을 내고야 말았다.

독일 연방상원위원회에서는 여행 중에 애완동물을 집에 버려두는 매정한 동물 주인들에게는 생업에 제한까지 가할 수 있는 법안을 추진하고 있다. 국민들에게 동물에 대한 의식을 더 많이 심어주고, 애완동물 신분증 제도를 도입해 동물들의 신분을 밝혀 보호하기 위해 동물의 발자국 지문을 넣는 것도 하나의 좋은 방법일지도 모른다. 각 정당의 동물 전문가들 역시 동물보호를 헌법으로 제정하고 동물을 키울 수 있는 최소 연령을 16세로 규정하기를 요구하고 있다.

인간이 동물들을 생각 없이 학대하고, 지구라는 위성을 거대한 쓰레기 더미로 만든 지금, 이전으로 다시 돌아가고 싶은 욕구는 곳곳에서 커지고 있다. 바로 우리가 중심이 되어야 이 세상의 밝은 미래의 모습이 만들어져가는 것이다. 그렇다고 삶의 신비를 연구하기 위해, 자연에 대한 조상들의 이해 방식을 끌고 들어올 필요는 없다. 대신 현시대에 맞는 동물학 연구의 결과를 토대로 지속적인 연구는 이어져야 한다.

우리의 이웃인 동물들은 단지 본능과 충동, 반사 작용만으로 행동하는 먹는 기계, 종족번식의 기계가 아니다. 점점 더 많은 자연과학자들이 고릴라와 도마뱀, 하마와 물소, 토끼와 소 등 모든 종류의 동물이 높은 의식과 지각능력을 가지며, 감정도 풍부하다는 것을 동물연구의 밑바탕에 깔고 있다. "인간에게 적용되는 어떤 것을 동물에게도 적용시키는 데에는 그다지 큰 문제가 없습니다." 예나의 프리드리히 쉴러 대학의 동물학자 하인츠 펜츨린(Heinz Penzlin)은 이렇게 말한다. "최소한 고등동물들은 주관적인 경험을 하며, 진화의 과정 속에서 형성된 자신의 감각에 따라 지각세계를 만들어간다는 것을 알 수 있습니다. 이 세계는 우리의 지각세계와 같을 수도, 또한 아주 다를 수도 있습니다."

미국의 철학자 토머스 나겔(Thomas Nagel)은 자신이 쓴 논문에 〈박쥐가 된다는 것은 어떤 일일까?〉라는 제목을 붙였다. 사실 우리는 박쥐의 지각세계가 어떻게 생겼는지 상상할 수 없다. 단지 날아다니는 포유류 동물이 특별한 위치 측정 시스템을 갖추고 있고, 이를 통해 인간의 능력을 훨씬 뛰어넘는 지각활동을 보이고 있다는 것만을 알고 있을 뿐이다.

동물학 분야에서 사고의 전환은 이미 오래전에 시작되었으며,

동물의 감정은 '복잡하고도 매우 흥미 있는 주제' 가 되었다. 베를린 훔볼트 대학의 생물학자들은 '동물들의 욕심과 시기' 를 주제로 연구하고 있다. 불과 20년 전까지만 해도 이것은 생각지도 못할 일이었다. 취리히의 영장류 학자 한스 쿰머(Hans Kummer)는 식물에게도 감정이 존재한다는 것은 '절대적으로 확실한 일' 이라고 단정하였다. 그는 또한 그 감정의 질에 대해서 다음과 같이 말한다. "식물의 감정은 앞으로도 미지의 세계로 남아 있을 것입니다. 그러나 확실한 것은 그 감정이 인간의 것과는 다른 색을 가지고 있다는 것입니다."

동물의 왕국에는 질투와 모성애, 눈물과 웃음이 존재한다. 또한 미묘한 성적관계도 있다는 것을 많은 자료를 통해 알 수 있다. 예를 들어 백조와 거위는 단지 번식을 목적으로 하는 교미 이상으로 자주 교미를 한다. 상대를 향한 상냥하고 헌신적인 태도는 그들에게 있어 숭배의 대상이 된다. 프라이부르크의 생물학자이자 동물학자 임마누엘 비르멜린(Immanuel Birmelin)은, 앵무새들은 매력적인 사랑의 커플로 종종 나란히 앉아 서로 깃털을 쓰다듬어주고, 주둥이로 키스한다는 것을 밝혀냈다. 어떤 쌍은 번식기가 아닐 때에도 교미를 하며, 실제로 이 새들은 서로에 대한 사랑의 감정을 품고 있는 것처럼 보인다.

동물학자들은 특히 포유류가 곤충류나 어류보다 더 특별한 영혼을 지니고 있을 것이라고 추측한다. 뱀장어가 강가를 거슬러 올라가 부모가 알을 낳은 장소를 찾아가는 것이 굳이 고향에 대한 향수라고 말하기는 어려운 것이다.

학자들은 인간의 감정이 대뇌부 바닥의 둥그런 모양 부분인 대뇌변연계에서 생성되는 것이라고 추측한다. 몇백 개의 육체감각 전달기관이 모든 지각과 인상을 기록하고, 그것을 뇌의 중심부로 전달한다. 벌이나 개구리 같은 다른 하등동물은 이 체계를 가지고 있지 않지만, 방울뱀이나 낙타, 카나리아와 같은 동물들은 이 기관을 통해서 고통과 아픔, 기쁨과 즐거움, 심지어는 소소한 행복까지도 느끼게 해주는 것이다. 그렇지 않다면, 신나서 몇 초 동안 자신의 본 영역인 물을 벗어나는 돌고래의 멋진 점프를 어찌 달리 설명할 수 있겠는가?

방송기자 폴커 아르츠트의 다큐멘터리 필름에서 다리가 부러지고 완전히 녹초가 된 황소가 채찍질을 당하며 일어서는 장면이 나왔을 때, 시청자들은 충격을 받고 눈물을 흘리며 봐야만 했다. 이 소는 별다른 저항 없이 고통을 받아들였지만, 고통은 두 눈에 투영되어 나타났다. 흘러내린 눈물은 눈가를 적시고, 상처 입은 황소의 소리 없는 울음은 부를 누리고 사는 인간들과 동물의 관계에 대한 상징이 되었다.

학문을 맹신하는 인간세계는 생각부터 바꿔야 한다. 인간들은 오래전부터 자아맹신과 과대망상, 자기기만에 빠져 있다. 그러나 우리가 지구상의 다른 생물 종족들에 대한 전권을 잃은 지는 오래되었다. 비록 우리 중 누군가가 그것을 부인하고 싶어한다고 해도, 우리는 이 시대의 모든 다른 생물들과의 관계를 재정립해야만 한다.

음식물로, 아니면 옷의 재료로 동물들을 착취하는 것은 어떤 설명으로라도 더 이상 정당화될 수 없다. 우리 모두는 무절제한 동물의 운반이나 이동, 동물 실험 등을 막아야만 한다. 동식물들과 서로 깊은 연대감을 가지는 것, 이것이야말로 우리 인간이 지구에서 앞으로 오래 살아남을 수 있는 유일한 기회인 것이다.

아마도 우리 모두가 깊이 관여된, 거대한 우주 계획이 존재하는지도 모른다. 하나의 우주 사회에서 단절이란 없다. 모든 것이 서로 관련되고, 서로 종속되어 있으며, 이로써 전체를 형성하는 것이다. 전통적인 철학적 명제처럼, 원대한 계획의 목표는 '존재하는 모든 힘의 완전한 조화' 이다. 조화는 혼자만의 힘으로 이루어지는 것은 아니다. 우리는 매 순간 어떤 행동을 해야 하고, 또 어떤 행동을 하지 말아야 할지에 대한 결정을 통해서 완전한 조화의 세상을 만드는 데에 기여할 수 있다.

우리의 이웃인 동식물을 위해,
또 우리 자신을 위해 할 수 있는 것들

1. 동식물과 인간을 포함한 모든 생물들에게 사랑과 관심을 쏟는다.
2. 인간은 어떤 행동을 하거나 또는 하지 않음으로써 끊임없이 진 화의 진행을 방해한다. 동식물을 위한 적극적인 행동 참여는 힘 들지도 모른다. 그러나 그것은 결국 우리 자신을 위한 일이기도 하다. 왜냐하면, 푸른 지구상의 윤리적이고 도덕적인 모든 행동 은 우리가 살아가는 의미에 속하기 때문이다.
3. 동식물에게 관심을 기울이면 평온해진다. 동식물과 함께 있으 면 스트레스가 해소되고 면역체계가 강해진다.
4. 동물은 항상 스스로 바르다고 생각하는 대로 행동한다. 인간은 그런 점을 배워야 할 것이다.
5. 동물은 우리가 의식적인 삶을 살 수 있도록 기여한다. 그들의 가치를 존중하고, 그들을 해치지 않음으로써 감사를 표하자.
6. 시간이 있다면 동물에 투자하자. 햄스터, 새, 금붕어, 말, 개 또 는 고양이 등 어떤 동물이든 상관없다. 동물들은 말을 걸고, 접 촉을 하는 애정 어린 관심을 필요로 한다. 집을 비우는 동안 라 디오를 켜놓는다고 되는 것이 아니다.

7. 동물들은 장난감이 아니다. 아이들에게 그것을 인식시키고 항상 주의하도록 해야 한다.

8. 동물은 인간을 대신하는 대체물이 아니다.

9. 인간이나 동물이나 자신의 생각대로 살 수 있기 위해서는 충분한 자유공간을 가져야 하며, 그래야만 서로 함께 살 수 있다.

10. 당신이 키우는 애완동물에게만 관심을 갖지 말고 모든 동식물에게로 관심을 넓혀보라. 소가 어떻게 초원의 세계를 잘 다스리는지 관심을 가지고 보면 놀랄 것이다.

11. 산책을 하거나 등산을 할 때, 풍뎅이, 애벌레나 개미 등의 작은 생물을 밟지 않도록 주의를 기울여라. 어떤 식물도 해치지 말고, 꽃이나 나무는 꺾지 말고 그대로 두어라.

12. 나무의 여기저기를 쓰다듬어보아라. 나무에게 사랑이 넘치는 마음을 보내고, 나무가 전해 주는 힘에 대해 감사하라.

13. 사냥꾼은 동물이 받게 되는 고통에 대해서 곰곰이 생각해야 할 것이다.

14. 낚시는 사람의 마음을 안정시킬지도 모른다. 그러나 물고기에게는 다르다. 동물을 괴롭히고 죽이는 스포츠는 이미 의미가 없다.

15. 차를 빨리 달릴수록 작은 동물들이나 새들과 부딪힐 확률이 높다는 것을 명심하라.

16. 우리는 숨을 쉴 때에도 공기 중에 있는 작지만 살아 있는 수많

은 미생물을 들이마시기 때문에 진정한 채식주의는 불가능하다. 그렇지만 음식을 고를 때는 내면의 소리에 귀를 기울여라.

17. 기쁨과 감사의 마음으로 식사를 하자. 잘 차려진 식탁은 당연한 것이 아니다. 과거의 사냥꾼들은 영양공급원을 제공하는 동물에게 용서를 구하고, 어쩔 수 없이 먹어야만 하는 식물을 소중히 다루었다.

18. 고기와 소시지 등의 육식 섭취를 줄여라. 특히 당신의 건강을 위해서.

19. 뱀장어와 양식 연어, 또한 수많은 거위와 닭 등은 잔인한 방법으로 도살된다. 새나 거북이, 개구리 등의 보호 동물을 먹는 것을 삼가라.

20. 식료품 상인에게 식료품 원산지를 물어보라. 그리고 자연재배 품종을 선택하라. 과일이나 채소는 유기농법으로 재배된 것이 좋다.

21. 레스토랑에서도 요리에 사용된 고기와 채소의 원산지를 물어보라. 이용객들이 자연산 달걀을 많이 찾을수록, 호텔의 메뉴는 달라질 것이다. 주문이 늘면, 공급도 그에 따르게 되는 법이다.

22. 참치를 살 때, 그 참치가 원양어업의 그물에 잡힌 것인가 주의해서 알아보라. 같은 그물에 수많은 고래와 돌고래, 거북이가 숨을 거둔다.

23. 제품을 생산할 때 동물 실험이 필요 없는 화장품을 사용하도

록 한다.

24. 모피코트를 입고 있는 사람들에게, 모피 때문에 동물들이 얼마나 많은 고통과 수난을 당하는지 알린다.

25. 환경보호와 동물의 권리보호 운동을 위한 우표나 실을 사용하라.

26. 동물을 수송할 때에도 동물들이 움직일 수 있고, 먹이를 먹고 물을 마실 수 있는 휴식시간을 규칙적으로 줘야 한다.

27. 독일에서 1997년 제정된 동물보호법은 좁은 우리와 여러 층의 닭장 등에서 학대받는 수백만 마리의 동물들에게 보다 더 넓고 안락한 집을 만들어줄 수 있도록 했다. 유럽연합은 어린 송아지의 도살을 금하고, 소와 돼지를 아주 먼 곳으로 이동하는 것에 반대하는 운동의 후원금을 세금에서 조달하기로 결정했다. 이 동물 보호법이 지켜지지 않을 때는, 정부에 고발하자.

28. 휴가 여행을 떠나서도, 그곳의 인간과 동식물의 생활환경에 대해서 관심을 가지고 물어보라. 마땅한 권리가 침해되고 있다면 돌아온 뒤에라도 대사관이나 정부에 그 사실을 알릴 수도 있다.

29. 동물의 권리 침해에 대한 고발을 할 때라도 상냥하고 구체적으로, 차분하게 이야기하라. 그리고 절대로 그들에게 설교할 생각은 하지 말라!

저자 후기

보통 한 권의 책은 그 시작과 끝이 있다. 그러나 동식물들에 관한 이야기를 담은 책은 결코 끝이 날 수 없을 것이다. 이 책의 초고를 우편을 통해 출판사에 보낸 바로 그날, 나는 텔레비전에서 〈코브라 뱀의 키스〉란 제목으로 인도의 어느 가족을 소개하고 있는 다큐멘터리 프로그램을 보게 되었다. 그 가족은 뱀 구멍 앞에서 위험한 독사를 밖으로 유인해 맨손으로 잡는 것이었다. 그들은 사람들이 많이 모이는 시장에서 피리 소리에 맞추어 뱀에게 춤을 추게 할 생각이었다. 그들은 잡힌 뱀들에게 석 달이 지나면 다시 무사히 풀어주겠다는 약속을 했다. 이 기간 동안에 돈을 벌어 먹을 것을 마련해야만 했기 때문이었다. 그러자, 독사들은 어느 누구도 공격하지 않았다. 그것은 정말 멋진 장면이었다. 단 한 마리의 독사도 사람들에게 해를 가하지 않았고, 그 가족의 작은 꼬마아이들까지도 가까이 가서 살짝 뱀에게 손을 대고 그 앞에서 손을 흔들어보아도 뱀들은 얌전히 있을 뿐이었다. 코브라 뱀들은 장터에서 피리 소리에 바구니에서 기어 나와 그 리듬에 맞추어 몸을 흔들며 춤을 추었다. 물론 뱀은 원래 듣지 못하므로 단지 자신들 앞에 앉아 피리를 흔들어대는 사람을 흉내낼 뿐이다.

약속은 지켜졌다. 석 달이 지나고, 뱀을 잡은 사람들은 뱀을 잡았던 그곳으로 돌아가서 뱀을 담았던 바구니를 열었다. 자신들의 처지를 이해해 준 데 대한 감사를 표하는 것도 잊지 않았다. 눈 깜짝할 사이에 뱀들은 언덕과 바위 속으로 휑하니 먼지를 내며 사라졌다. 인간과 동물 사이의 또 하나의 계약이 지켜진 것이었다.

이 다큐멘터리에 이어 방영된 뉴스 프로에서는 홍콩에서 유행중인 독감 때문에 수만 마리의 닭과 오리, 거위들이 처참하게 도살됐다는 소식이 보도되었다.

그후 불교 스님들의 행동을 보면, 살육의 현장이 그 도시에 사는 수많은 사람들의 마음을 사로잡았음을 알 수 있다. 그들은 옛 왕조의 사원에서 그곳을 찾은 관광객들과 함께 불행한 죽음을 당한 이 동물들의 넋을 위로하고, 용서를 구하기 위해 향을 피우고 기도를 올렸다.

그로부터 며칠 뒤에는 남아프리카 공화국에서 돌아온 친구로부터 케이프타운 주민들의 생각의 전환에 대한 놀라운 소식을 듣게 되었다. 위험한 인종차별을 폐지한 그들은 새로운 민주주의에 익숙해지면서, 지금까지 해변가에 자주 나타나 사람들을 괴롭히던 잔인한 백상어에 대한 인식을 새롭게 바꾸기 시작하였다. 그동안 남아프리카 북동 해변을 따라 수영하던 사람들이 백상어에 물려 다치거나 죽었다는 이야기들이 수없이 많았고, 그로 인해 사람들은 상어는 인간을 잡아먹는 괴물이라는 생각에 사로잡혀 있었다. 그 괴물로부터 수영객들을 보호하기 위해 물 폭탄을 쏘던 초기와는 달리, 최근 몇 년간은 수 킬로미터 길이의 그물을 치는 방법으로 대체하였고, 그러자 수천 마리의 고래, 돌고래, 거북이, 참치와 작은 상어들이 그물에 걸려 고통스럽게 죽어갔다.

이에 동물 애호가들은 언젠가 해변가 수영객들이 보는 앞에서 새끼를 밴 채 죽은 상어의 배를 갈라 어린 새끼를 꺼내기도 하였다. 이와 같은 여러 가지 활동들을 통해 보호받아 마땅할 우리 주변의 놀랍고 다양한 삶들에 대한 우리의 지각과 의식을 발전시키는 데 성공하고 있다. 자연보호주의자들은 규칙적으로 모터보트를 타고 그물 주변을 정찰해 그물에 걸린 동물들을 풀어주고 있다. 독일 내의 몇몇 지방자치단체에서는 해변에 쳐져 있던 바리케이트를 없애고, 그곳을 찾는 사람들에게 바다 깊은 곳으로 멀리 나가지 말 것과, 윈드서핑을 할 때는 더 많은 주의를 기울일 것을 당부하고 있다. 아프리카에서는 백상어보다는 무소로 인해서 더 많은 사람들이 화를 입는다. 그러므로, 이제는 사람을 죽이는 바다 괴물에 대한 거짓 신화는 끝나야만 한다.

'의식'이라는 주제에 대해서도 새로운 소식이 있다.

의식의 나라에는 어떤 한계나 제한이 존재하지 않는다. 우리는 심지어 잠을 자면서도 꿈을 꾸어, 의식이 여전히 깨어 있다는 것을 안다. 이것이 과연 인간만의 특권일까? 신경학자들은 이미 오래전에 고등 포유류 동물 또한 자면서 꿈을 꾼다는 것을 밝혀냈고, 꿈을 꾸는 동물 중 가장 큰 동물은 마치 오리와 비버를 합쳐놓은 것같이 희귀하게 생긴 오리너구리라는 것이 알려졌다. 오리너구리는 오스트레일리아의 하천에서 수면 시간의 대부분을 생동감 넘치는 꿈을 꾸게 되는 '렘 수면(Rapid Eyes Movement; REM, 인간의 경우 보통 얕은 잠에서 시작해 깊은 잠에 빠졌다가 다시 얕은 잠으로 돌아오는데, 이때 빠른 눈의 운동이 일어난다고 해서 렘REM이라고 함 – 역주)' 상태에 빠져 있다고 한다. 이 우스꽝스러운 동물이 이미 백악기(쥐라기 후, 신생대 제3기 전에 해당하는 약 1억 3,500만 년 전부터 약 6,500만 년 전까지의 7,000만여 년간의 시대 – 역주) 때부터 살아왔기 때문에, 학자들은 세계사의 최초의 꿈은 이미 2억 5천만 년 전에 존재했다는 가정을 한다. 이 선사시대 생물체의 감긴 눈꺼풀 아래로 무엇이 투영되어 움직이는지, 그것은 우리에게 영원히 비밀로 남아 있을 것이다.

이 책은 아직 끝나지 않았다. 우리의 이웃인 동식물에 대해서 더 많이 알고, 그들과 함께 이 세상을 공유하는 아름다운 삶들에 대한 끝없는 이야기들이 있고, 그것을 접하게 될 가능성은 언제, 어디에서나 활짝 열려 있기 때문이다.

라이너 홀베

용어와 개념 설명

인류학

인간의 특성과 행동양식에 관련된 학문으로, 인류학의 관점에서 인간이 동물과 구분되는 가장 두드러진 특징은 인간이 가진 세상에 대한 개방성과 그것을 가능케 하는 정신이다. 생물학자들은 인간의 이런 특별한 위치를 이성의 발전에 의한 것이라고 본다.

다혈질 성격

성격에 따라 사람을 구분하는 네 가지의 묘사 중의 하나로 정열적이고 성급하며 화를 잘 내는 성격으로 묘사된다. 그 이외에 자주 슬픔에 잠기는 경향의 우울한 성격, 대체적으로 경쾌하고 긍정적인 낙천적 성격, 또한 굼뜨고 게으르며 어디에나 무관심한 성격 등이 있다

실용 비교행동학과 동물심리학협회

애완동물을 이용해 병을 치유할 수 있는 방법에 관련된 세미나가 규칙적으로 열린다. 주소: I.E.T., Vorderi Siten 30, CH 8816 Hirzel, Fax 0041 01/729 92 86

엘리자베스 퀴블러 -로스(Elisabeth Kübler-Ross)

연구논문으로 많은 대학에서 수상을 한 바 있는 스위스의 저명한 의학박사. 특히 죽음에 관한 그녀의 연구는 센세이션을 불러일으킨 것으로, 그녀는 이와 같이 말한 바 있다. "죽음은 단지 더 좋은 집으로 집을 옮겨 이사를 가는

것뿐이다."

콘라드 로렌츠(Konrad Lorenz, 1903-1989)

오스트리아의 동물 생태학자이며 노벨상 수상자로 책 『악(惡), 공격성에 관한 자연사』, 『그렇게 인간은 개에게 다가갔다』 등의 저자. 자신의 통찰력과 지식으로 유전학, 발전생물학, 심리학의 연구 발전에 큰 공헌을 한 그는 동물학 전공자로서 동물이 그 가치를 존중받아 마땅한 독립적인 존재라고 주장했다.

릴리 팔머(Lilli Palmer)

독일 국적을 가진 영국의 여배우로서 수많은 영화와 연극에서 주연으로 활동했으며 자서전과 소설을 출간해 작가로서의 능력을 인정받았고, 화가이자 조각가로도 활동했다.

남편 카를로스 톰슨(Carlos Thompson)과 함께 취리히 호숫가 산 위의 외딴집에서 살던 그녀는 나이 72세가 되던 해, 로스앤젤레스에서 운명을 달리했다. 이 책에서 소개된 텔레비전 프로그램은 독일 ZDF 방송국에서 방영되었으며, 그녀가 죽은 날, RTL 방송국에서 재방송되었다.

칼 포퍼(Karl Popper)

세기적 철학자로 비엔나에서 출생하여, 런던에서 생을 보냈다. 그는 자연 선택설에 의해서 전체적으로 하나의 유기체적 생명체인 이 세계가 앞을 향해 발전해 나아가고 있다고 생각했다. 이는 지구는 '하나의 의식적인 유기체' 라는 후대의 가이아 이론(Gaia Theory)으로, 1978년 영국의 과학자 J. 러브록이 『지구상의 생명을 보는 새로운 관점』이라는 저서를 통해 주장함으로써 소개된 이론이다. 가이아란 그리스 신화에 나오는 '대지의 여신' 을 가리키는 말로서, 지구를 뜻한다.

러브록에 의하면, 가이아란 지구와 지구에 살고 있는 생물, 대기권, 대양, 토

양까지를 포함하는 하나의 범지구적 실체로서, 지구를 환경과 생물로 구성된 하나의 유기체로 보는 것이다.

현재 이 이론은 지구상에서 자행되고 있는 인간의 환경파괴문제 및 지구 온난화 현상 등 인류의 생존과 직면한 환경문제와 관련하여 많은 과학자들의 관심을 불러일으키고 있다.

초감각인지

초감각적인 감각을 통해 미래를 내다보는 능력으로, 인간과 동물에게 이 능력이 존재한다는 것이 수많은 실험을 통해 밝혀졌다.

몬티 로버츠(Monty Roberts)

폭력을 사용치 않고, 말을 길들이는 방법 '조인업 Joint-Up'을 계발한 그는 자신의 책 『말과 대화하는 사람』에서 다음과 같이 기술한 바 있다. "이 방법은 누구나 배울 수 있지만, 자신의 능력을 믿고, 말을 두려워하지 않아야 하는 조건이 따른다."

루퍼트 쉘드레이크(Rupert Sheldrake, 1942~)

영국 출신으로 철학과 생물학을 전공하고, 오늘날에는 캠브리지 대학 교수로 있다. 세계적으로 논의 대상이 되어온 형태학적 분야에 관한 혁신적인 연구로 학계에 선풍을 일으키기도 했던 그는 '일곱 가지의 실험'으로 학문적인 사고의 혁신을 계획하기도 하였다. 또한, 애완동물의 초감각적 지각 능력에 대한 연구도 시도 중에 있다.

페넬로페 스미스(Penelope Smith)

샌프란시스코의 북쪽에서 70마리의 동물과 함께 살고 있는 동물치료사 스미스는 특정 분야 커뮤니케이션의 개척자다. 그녀가 발전시킨 텔레파시 기법은 이미 수천 번에 걸쳐 실험으로 증명된 바 있다. 현대 학문의 지식을 전통적인 방식과 결합시켜 누구라도 쉽게 배울 수 있도록 만든 그녀는 많은 수의 동물이 영혼의 성장을 돕기 위해, 또 우리의 스승이 되고 우리의 삶을 곁에서 지켜주기 위해 환생했다고 믿는다.

텔레파시
초감각적인 인지능력으로 서로에게 상대방의 사고가 전달되는 것. 수많은 실험을 통해 인간과 동물에게 텔레파시가 존재한다는 것이 입증되었다.

전자 음성 현상(EVP)
죽은 자의 목소리가 카세트나 레코드에 담기는 이상 현상. 거기에는 두 가지 설명이 가능한데, 하나는 살아 있는 사람들이 염력으로 카세트테이프에 영향을 주어 조정하는 것이라는 의견이며, 또 하나는 녹음된 소리가 실제로 다른 세상으로부터 온 소리라는 설명이다.

아름다운 이웃 - 동식물의 신비

— 수를 세는 앵무새와 시를 쓰는 살구나무

지은이 | 라이너 홀베
옮긴이 | 박원영

초판 1쇄 펴낸날 | 2003년 2월 10일

펴낸이 | 이보환
펴낸곳 | 사람과책
책임편집 | 김혜정
등록 | 1994년 4월 20일. 제16-878호
주소 | 135-080 서울시 강남구 역삼동 605-10 세계빌딩
전화 | (02)556-1612~4 팩스 | (02)556-6842
E-mail | manbook@hanafos.com

ⓒ 2003 Human and Book, Printed in Korea

잘못된 책은 바꾸어 드립니다.
값은 뒤표지에 있습니다.

ISBN 89-8117-072-X 03400